面白くて眠れなくなる植物学

稲垣栄洋

PHP文庫

JN119781

○本表紙図柄＝ロゼッタ・ストーン（大英博物館蔵）
○本表紙デザイン＋紋章＝上田晃郷

はじめに

「天には星がなければならない。大地には花がなければならない。そして、人間には愛がなければならない」

これは、十八世紀のドイツの詩人、ゲーテの言葉です。

ゲーテは文豪であると同時に、偉大な自然科学者でもありました。そして、ゲーテはこんな言葉を残しています。

「花は葉の変形したものである」。これが、一七九〇年にゲーテが記した『植物変態論』です。

これは、本当でしょうか?

確かに花びらは、葉によく似ています。葉には、水や養分を送る「葉脈」と呼ばれる筋があります。花びらもよく見ると、葉脈のようなものが見えます。これは「花脈」と呼ばれています。確かに花びらは、葉が変形したもののようです。

花には、雄《お》しべや雌《め》しべもあります。雄しべや雌しべも葉が変形してできたのでしょうか。

花には「八重咲《やえざ》き」と言って、花びらが幾重《いくえ》にも重なって咲く種類があります。これは雄しべや雌しべが花びらに変化しているのです。花びらは葉が変形してできるとすれば、雄しべや雌しべも葉が変形してできることになります。

現在では、ゲーテの主張は分子生物学によって証明されています。それが、「ABCモデル」と呼ばれるものです。

シロイヌナズナというモデル植物の遺伝子に異常が発生すると、花の各器官が雄しべばかりになったものが出現しました。この変異体は、「オス」だけで作られているので「スーパーマン」と呼ばれました。

研究を進めることによって、花の器官の形成は、A、B、Cという三つのクラスの遺伝子の組み合わせによって起こるということがわかりました。Aのみが発現するとガクが作られます。そして、AとBが働くと花弁が作られます。同じようにCのみが発現すると雌しべが作られ、BとCが働くと雄しべとなるのです。そして、

ＡＢＣいずれも発現しないと葉になるのです。

こうして、葉から花が作られる仕組みが明らかとなったのです。

しかし、「どうして？」という問いには、「How（どのように）？」という意味だけでなく「Why（なぜ）？」という意味があります。

なぜ、植物は葉から花を作り上げたのでしょうか？　なぜ、植物の花は美しいのでしょうか？　また、なぜ、タンポポの花は黄色く、スミレの花は紫色なのでしょうか？　よくよく考えてみると、植物の世界はわからないことだらけです。

植物は当たり前のように私たちのまわりにありますが、けっして何気なく生えているわけではありません。植物の世界は謎に満ちているのです。本書では、そんな植物の謎に迫ってみたいと思います。

「植物学」というと、無味乾燥で面白くないイメージや、難しいイメージがあるかもしれませんが、けっしてそんなことはありません。

さあ、私たちも、植物学の扉を開けて、不思議に満ちた植物の世界をのぞき見てみることにしましょう。『面白くて眠れなくなる植物学』の世界の始まりです。

面白くて眠れなくなる植物学

目次

Part Ⅱ

面白くて眠れなくなる植物学

Part Ⅲ　読み出したらとまらない植物のはなし

本文デザイン＆イラスト　宇田川由美子

Part I

すごい植物のはなし

112358
132134

ウイルスとともに生きる

植物の防衛戦争

人類はこれまで、さまざまな感染症と戦ってきました。

それは植物も同じです。特に動けない植物は、どんな環境からも逃げることができません。そのため、常に病原菌の攻撃にさらされています。

植物の葉の表面は、ワックスの層で覆われていて水をはじきやすくなっています。葉が濡れると病原菌が繁殖し、侵入しやすくなります。そのため、濡れにくくなっているのです。また、植物の葉には気孔《きこう》という空気の取り入れ口がありますが、病原菌の攻撃を察知すると、植物は城門を閉めるように気孔を閉じます。また、病原菌が侵入するとまるでバリケードを築くかのように細胞壁を厚くして、病原菌の侵入を拒みます。そして、病原菌に侵入された細胞は、病原菌もろともに自ら死滅して、まわりの細胞への感染を防ぐのです。

この鉄壁の守りによって、多くの病原菌は侵入を阻《はば》まれます。しかし、一部の病原菌はこの防御網をくぐり抜けて、植物を病気にさせるのです。

植物に病気を引き起こす病原体には、真菌と細菌とウイルスとがあります。真菌はカビの仲間です。細菌は、一～四マイクロメートルの大きさで、真菌よりも小さな存在です。ところが、細菌よりも小さな病原体があります。それがウイルスです。ウイルスの大きさは平均してわずか〇・一マイクロメートル。一ミリメートルの一万分の一ほどしかありません。電子顕微鏡でなければ見えない小さな小さな存在です。

そんなウイルスの侵入を拒むことは、植物にとって簡単ではなかったはずです。

ともに生きることが美しさを生んだ

十七世紀のオランダでは、海洋交易で得た資産の投資先として、人々がチューリップの球根を買いあさるようになり、球根の価格が異常に高騰するブームが起きました。これが世界最初のバブル経済だったと言われています。このチューリップバブルでは、球根一個に対して一般市民の年収の十倍もの価格がつけられたり、家一軒と取引されたりしたのです。このときに特に高値で取引されたのが、花びらに斑《はん》点《てん》やツートンカラーの複雑な模様が入った「斑《ふ》入り」や「ブロークン」と呼ばれる品種です。

チューリップに限らず、花びらや葉っぱに模様ができる「斑入り」と呼ばれるものは珍重されます。ところが現在では、この斑入りの模様は、ウイルスによって引き起こされる症状であることが知られています。植物はウイルスに感染すると、部分的に色素体に異常が生じて、モザイク状の斑《まだら》模様が生じます。このウイルスによる症状が美しいともてはやされているのです。

それにしても、ウイルスに感染した植物は、ウイルスによって枯れてしまうことはないのでしょうか。植物にとっても、ウイルスは病気を引き起こす恐ろしい存在であることに変わりはありません。ウイルスに感染した植物は、モザイク症状とともに、植物体全体が萎縮したり、奇形になったりします。そして、正常な花や実をつけることができず、症状がひどければ枯れてしまいます。

これまでもウイルスの感染によって多くの植物が枯れ果ててしまったことでしょ

う。しかし一部の植物は、長い長いウイルスとの戦いの中で、ウイルスを取り込むことに成功しました。そして、ウイルスとともに生きる道を選んだのです。

ウイルスとともに生きる

イチゴやサツマイモなど、株分けしたり芋で増やすような植物の、茎の先端の成長点と呼ばれる細胞だけを取り出して、培養した苗を作ると、生育が良くなったり、収量が増えたりします。成長点だけを取り出して作った苗は、ウイルスフリー苗と呼ばれています。成長点の新しい細胞はまだウイルスに感染していません。その細胞だけを培養すると、植物は重荷を下ろしたかのように、旺盛に生育するのです。ということは、イチゴやサツマイモの株には、もともとウイルスが潜んでいたということになります。

もっとも、ウイルスフリーではないイチゴやサツマイモを見ても、ウイルスに感染しているような症状は見られません。じつはこれらの植物もまた、ウイルスを体内に閉じ込めながら、ウイルスと共存しているのです。

「ウイルスとともに生きる」という戦略は、植物がウイルスと戦い続けることで獲得したものです。ウイルスの立場に立ってみると、感染した植物が枯れてしまうと、ウイルス自身もまた死んでしまうことになります。そのため、ウイルスは植物を殺しながら次々に感染していかなければならなくなるのです。それはウイルスにとっても楽な戦略ではありません。進化の歴史の中で、一部のウイルスは植物の体内で封じ込めができる程度の、弱い毒性になりました。そして植物は、ウイルスとともに生きる道を探り当てたのです。

　私たち人類も、長い歴史の中で常に感染症やウイルスと戦い続けてきました。さあ、私たち人類は、はたしてどのような答えを出すのでしょうか。そして、チューリップのように新しい世界をつくることはできるのでしょうか。

木はどこまで大きくなれるのか？

巨木はどうやって水を吸う？

日本最古の歴史書である『古事記』には、巨木の伝説が記されています。大坂（現在の大阪）の南部には大きな大きなクスノキがあり、その影は、海の向こうの淡路島を覆《おお》い隠すほどだったというのです。いったい、どれほどの巨木だったのでしょう。

それほどの巨木ではないにしても、鎮守《ちんじゅ》の森などには、見上げるばかりの大きな木がそびえ立っています。いったい、植物の木はどれくらいの高さにまで伸びることができるのでしょうか。

植物は、地面の下の根っこから水を吸い上げなければなりません。見上げるような巨木の場合は、どうやって木のてっぺんにまで水を運ぶかが問題になります。

植物の体内にはストローがある⁉

人間や動物は心臓というポンプを持っていて、血液を頭のてっぺんまで運んでいます。動物の中でもっとも背の高いキリンは、人間の二倍近く高い血圧で血液を圧送しています。ただし、そんなに強力な血圧で押し上げてもキリンの身長はせいぜい三メートルです。心臓というポンプでは、五〇メートルの高さまで水を押し上げることは、難しそうです。

たとえば、大気の圧力によって水を押し上げるという方法も考えられます。

私たちの身の回りにある空気には重さがあります。手のひらを上に向けて広げると、その上には空気がのっていることになります。想像してみると、その空気には上空はるか大気圏外までの空気が積み重なっているのです。その空気の重さは一平方センチメートル当たり約一キログラムになりますから、広げた手のひらの上には数十キロの空気がのっている計算になります。それでも空気が重くないのは、私たちが空気の中に住んでいるからです。手のひらの下にも空気がありますし、体の中にも空気が詰まっています。だから押しつぶされることはないのです。

管の中の空気を抜いて真空にすれば、外気の圧力によって管の中の水を押し上げ

◆蒸散の仕組み

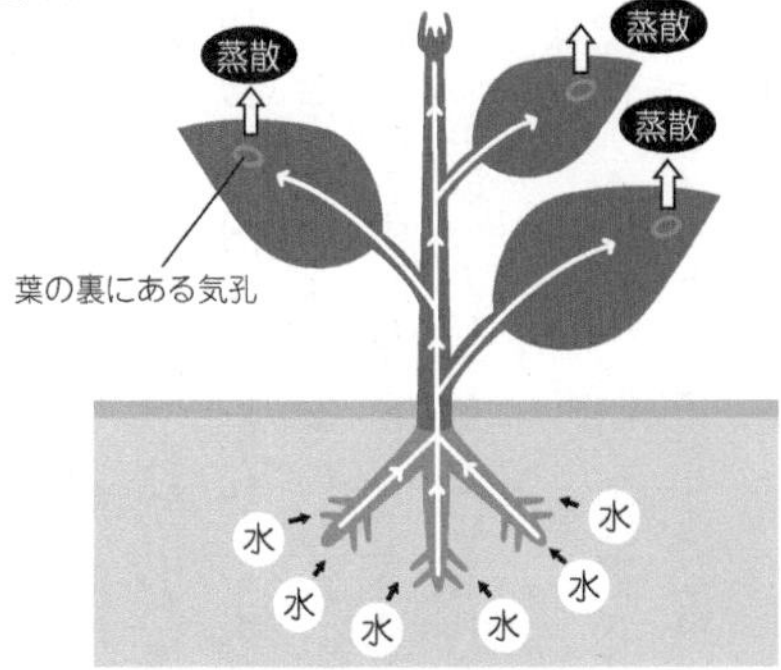

蒸散の力によって水が引き上げられる。

ることができます。コップの中のストローを指でふさいで引き上げると水を水面より高く持ち上げることができるのと同じ理屈です。

それでは、もし、とてつもなく長いストローがあったとしたら、どれくらいの高さまで水を持ち上げることができるのでしょうか。

実際には、この方法では一〇メートルの高さが限界のようです。空気の重さは一平方センチメートル当たり約一キログラム。水は一立方センチメートルで一グラムですから、一〇メートルの水柱になると大気の重さと釣り合ってしまうのです。

しかし、世の中には一〇メートルを超える巨木はたくさんあります。木々はいったい、どのようにして、水を高いところまで引き上げているのでしょうか。

じつはこの理由は完全には解明されていませんが、その秘密の一つとされているのが「蒸散《じょうさん》」です。

植物の葉の裏には、空気を出し入れするための気孔がいくつもあります。この気孔から、植物の体内の水分が水蒸気となって外へ出ていくのです。これが蒸散です。

植物の体内では、気孔から根までの水の流れはずっとつながっていて、一本の水柱になっています。そのため、蒸散によって水分が失われると、それだけ水が引き上げられます。ちょうどストローを吸うと水が吸い上げられるのと同じです。

この蒸散の力で引き上げられる水の高さは、一三〇～一四〇メートルと計算されています。

現存する世界一高い木はアメリカのカリフォルニア州にあるセコイアメスギで高さ一一五メートルにもなると言います。これは二五階建てのビルの高さと同じくらいです。

とはいえ、一四〇メートルが理論上の限界です。残念ながら、淡路島を覆い隠すような伝説の巨木は、存在しえなかったのです。

植物のダ・ヴィンチ・コード

映画に登場する謎の番号

映画『ダ・ヴィンチ・コード』は、ある殺人事件をきっかけとして、レオナルド・ダ・ヴィンチの残した名画の暗号（コード）を解き明かし、キリストにまつわる秘められた謎に迫るという物語です。

物語の中で、地下金庫を開ける暗証番号として、「1123581321」という数字が登場します。

この数字は、ある規則に則《のっと》って作られたものです。その規則さえ理解できれば、あなたは忘れることなく、いつでも、この地下金庫の暗証番号を思い出すことができるでしょう。

「1123581321」の暗証番号が意味するものは何でしょうか。

暗証番号というと、誕生日などの年月日や、電話番号などを利用する人が多いかもしれませんが、この数字は違います。

じつは、この番号は、「1、1、2、3、5、8、13、21」という八つの数字が並んだ数列になっているのです。この数列は、「1、1、2、3、5、8、13、21、34、55……」と続いていきます。

一見すると不規則に並んでいるように思えるこの数字は、どのような規則性に基づいて並んでいるのでしょうか。考えてみてください。

自然界に潜む不思議な数列

「1、1、2、3、5、8、13、21」という数列には、前の二つの数値を足した数が並んでいくという規則性があります。1＋1＝2、1＋2＝3、2＋3＝5、3＋5＝8、5＋8＝13というように、次の数字が作られていくのです。

この数列は、「フィボナッチ数列」と呼ばれています。

何ともひねくれた数列のように思われますが、じつは自然界には、この数列に従っているものが、たくさんあります。

たとえば一つがいのうさぎが、一カ月で大人になり、二カ月目から一つがいの子どもを産んで増えていくようすを考えてみましょう。

一カ月目には一つがいのうさぎが、二カ月目には二つがいになります。三カ月目には、最初のつがいが一つがいのうさぎを産みますので、三つがいになります。これを繰り返していくと、四カ月目には五つがい、五カ月目には八つがいになります。このように、生物の殖《ふ》え方はフィボナッチ数列に従うのです。

植物はフィボナッチ数列に従う

このフィボナッチ数列の数字を、一つ前の数字で割っていくことにしましょう。たとえば、3を2で割ると1・5、5を3で割ると1・67、8を5で割ると、1・6になります。こうして、数字を追いかけていくと、やがて黄金比である1・618に近づいていきます。黄金比というのは、もっとも美しいとされる数学の比率です。

不思議なことに、植物は、このフィボナッチ数列に従っています。

植物の茎につく葉の位置は、でたらめについているわけではありません。

◆うさぎの殖え方はフィボナッチ数列に従う

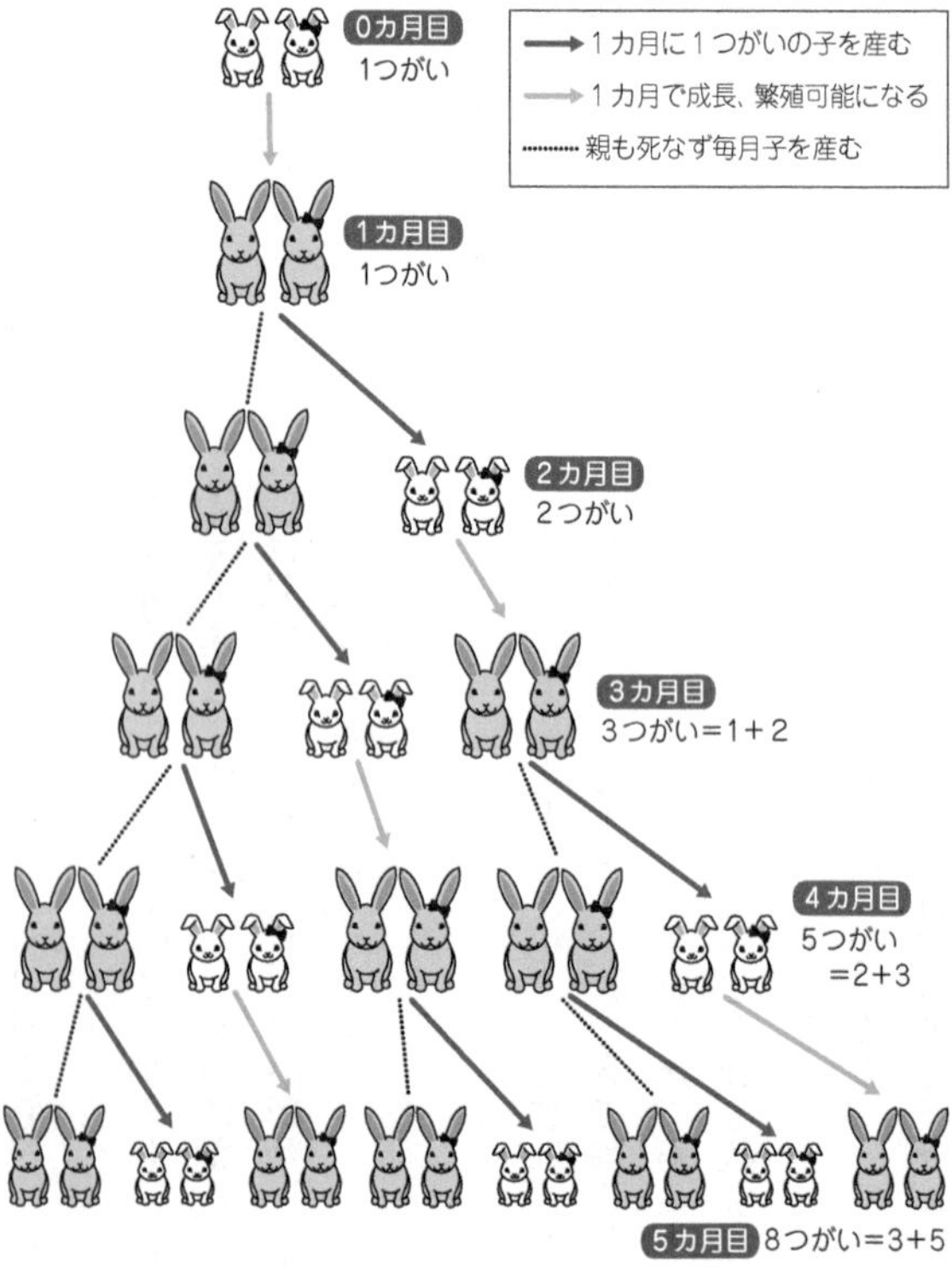

フィボナッチ数列

1、1、2、3、5、8、13、21、34、55、89、144、233、377……

◆**植物の葉のつき方もフィボナッチ数列に従う**

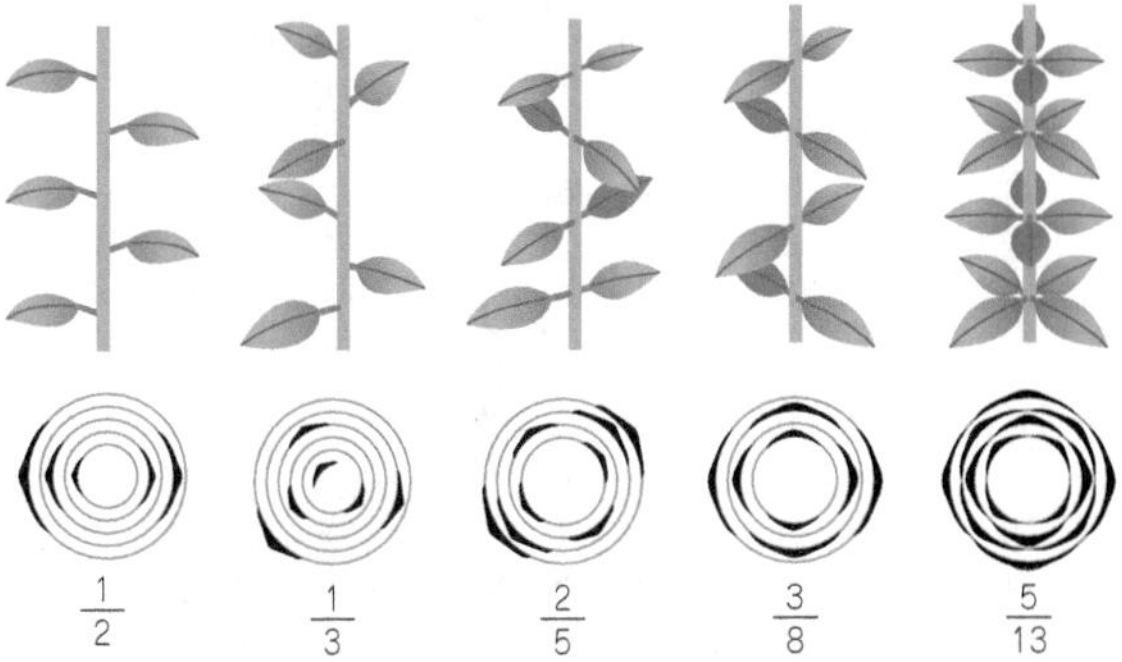

植物は葉を、太陽の光が満遍《まんべん》なく当たるようにし、少しずつ位置をずらしながらつけていきます。葉のつき方は「葉序《ようじょ》」と呼ばれます。どの程度の角度でずれるかは植物の種類によって決まっています。

たとえば、三六〇度の1―2の一八〇度ずつずれるものがあります。あるいは、1―3の一二〇度ずつずれるものもあります。これは、葉っぱを下から三枚数えると、一周回って元の位置に戻ってくることになります。次に2―5の一四四度ずつずれるものもあります。これは下から葉っぱを数えると、五枚数えたときに、二周回って元の位置に戻ってきます。こうやって、何枚で何周回って元の位置に戻ってくるかを調べると、葉っぱの角度

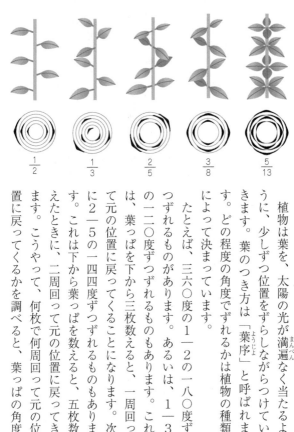

がわかります。他にも3―8の一三五度ずれるものもあります。

1―2、1―3、2―5、3―8、5―13……。

じつは、この分数の分母と分子は、それぞれがフィボナッチ数列で並んでいるのです。植物の葉の配置が、フィボナッチ数列に従っていることは、「シンパー・ブラウンの法則」と呼ばれています。

葉のつき方は工夫に満ちている

三六〇度を黄金比の1・618で割ると、二二二・五度になります。これは小さい方の角度で見ると、一三七・五度になります。これが、フィボナッチ数列で導かれるもっともバランスの良い角度なのです。

植物の葉が、このような数列に従った規則性を持つのは、すべての葉が重なり合わずに効率良く光を受けるためや、茎の強度のバランスを均一にするためであると説明されています。

もっとも、黄金比のような複雑な葉のつき方はできませんので、一三七・五度に近いような、2―5（一四四度）や3―8（一三五度）を選択している植物が多いようです。

それにしても、植物が黄金比や複雑な数列を用いているというのは、何とも不思議です。

花占いの必勝法

コスモスで花占いはNG!?

恋を占う方法の一つに「花占い」があります。

花占いというのは、花びらを一枚ずつ取りながら「スキ」「キライ」「スキ」「キライ」と数えていくのです。そして、最後の一枚で片思いの異性が、あなたのことを想っているかどうかを占うのです。

この花占いは、コスモスでやってはいけないと言われています。

コスモスは、花びらが偶数の八枚です。そのため、何度やっても「キライ」の花びらが残ってしまうのです。もし、コスモスなど花びらが偶数の花で花占いをするとしたら、「キライ」から始めれば大丈夫です。

もう少し花びらの多いものは、どうでしょう。マリーゴールドは奇数の一三枚で

◆花びらの枚数にも規則性がある

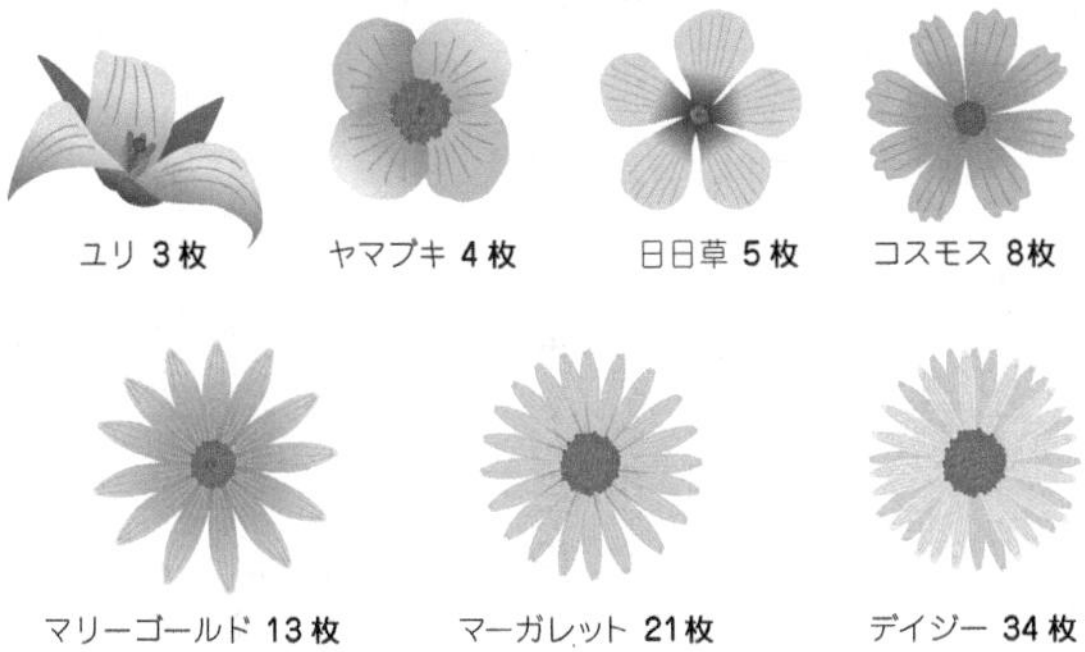

す。これならば、「スキ」で終わらせることができます。

花占いを「スキ」で終わらせる方法

そうなんです。女の子たちは、願いを込めて花びらの枚数を数えていきますが、じつは花の種類によって、花びらの枚数は初めから決まっているのです。

花占いによく用いられるのは、マーガレットです。マーガレットの花びらは二一枚ですから、マーガレットも花占いにはお勧めです。どうりで女の子たちはマーガレットが大好きなはずです。

マーガレットに似ていますが、デイジーは花びらが偶数の三四枚ですから、注意が必要です。

ガーベラも花占いに用いられます。ガーベラは花びらが奇数の五五枚ですから、花占いには適しています。

ただし、花びらの多い花の場合は、栄養条件等によって、花びらの枚数が変わることがあります。マーガレットやガーベラで花占いが「キライ」になってしまったとしたら、よほど脈がないということなのかもしれません。

花びらにもフィボナッチ!?

他の花の花びらの数も見てみることにしましょう。

サクラの花の花びらは何枚かわかりますか?

サクラは日本の象徴です。ラグビー日本代表のエンブレムや、日本相撲協会のロゴにも、サクラがシンボルとして使われています。

サクラの花びらは五枚です。

それでは、ユリの花はどうでしょうか?

ユリの花びらは六枚あるように見えます。ところが、実際にはユリの花びらは三

◆サクラの花びらは五枚

枚です。ユリは内側の三枚が花びらで、外側の三枚は、ガクが変化したものなのです。

花びらの枚数は、ユリが三枚、サクラが五枚、コスモスが八枚、マリーゴールドが一三枚、マーガレットが二一枚、デイジーが三四枚、ガーベラが五五枚。

3、5、8、13、21、34、55……

あれあれ、どこかで見たような規則性が見つかりませんか？

そうです。じつは植物の花びらも、二四頁で紹介したフィボナッチ数列に従っているのです。

植物の花は、もともと葉から分化しました。葉を効率良く並べるためにフィボナッチ数列が用いられていたように、花びらをバランス良く配置するのにもフィボナッチ数列が使われているのです。

自然の創造者は、偉大な数学者なのでしょうか。植物が、この美しい数列に従っているのは、本当に不思議です。

すべての花は美しい数列に従う

ところが探してみると、例外がありました。

たとえば、「菜の花」の別名で知られるアブラナは、花びらが四枚です。そうやって、よくよく探してみると、花びらが七枚や一一枚、一八枚のものも見つかります。

これらの植物は、フィボナッチ数列の呪縛《じゅばく》から逃れているのでしょうか。

ところがよく考えてみると、4、7、11、18……という並び方は、フィボナッチ数列と同じように、前の数字を足した数字が並んでいきます。

フィボナッチ数列は、最初の数字が1、次の数字も1で、1、1、2、3、5……と並んでいきますが、これを最初の数字を2、次の数字を1とすると、2、1、3、4、7、11、18……と数字が並んでいきます。これはフィボナッチ数列と類似した「リュカ数列」と呼ばれる数列です。
やはり、すべての植物の花は、美しい数列に従っていたのです。

花は誰のために咲く

人間は花に片思いしている

人は花を愛します。

大好きな異性には花束を贈り、花壇では花を育てます。そしてお墓には花を供《そな》えるのです。

しかし、残念ながら、植物は人間のために花を咲かせるわけではありません。

もちろん、園芸用に改良された花は、人間の好みの色や形に花を咲かせますが、野生の植物の花は、人間に見られるためのものではないのです。人間は花が好きですが、それは、まったくの片思いなのです。

それでは、植物は誰のために花を咲かせるのでしょうか。

花は、虫を呼び寄せて花粉を運ばせます。そして、受粉をして種子を残すのです。

美しい花びらや甘い香りも、すべては虫たちにやってきてもらうためのものなのです。そのため、花の色や形にも、すべて合理的な理由があります。花は、何気なく咲いているわけではないのです。

春先にお花畑ができる理由

たとえば、春先には菜の花やタンポポなど、黄色い花がよく目立ちます。黄色はアブが好む色です。アブは、まだ気温が低い春先に、最初に活動を始める虫です。そのため、春先の花はアブを呼び寄せるために、黄色い色をしているのです。

ただし、アブには問題があります。

ミツバチなどのハチは、同じ種類の花々を飛んで回ります。ところが、アブはあまり頭の良い昆虫ではないので、花の種類を識別することなく、さまざまな花を飛び回ってしまうのです。これは植物にとっては、都合の悪いことです。

菜の花の花粉がタンポポに運ばれても、種子はできません。菜の花の花粉は菜の花に運んでもらわなければならないのです。

それでは、どうすれば、アブにきちんと花粉を運んでもらうことができるのでしょうか。

植物は、こういう問題をちゃんと解決しているのです。

春先に咲く花は、まとまって咲く性質（群生）があります。集まって咲いていれば、アブは遠くへ行くことなく近くにある花を飛んで回ります。そうすれば、同じ種類の花を飛び回ることになるのです。そのため、春先に咲く花々は、一面に咲いて、お花畑を作るのです。

ミツバチは優秀なパートナー

一方、ハチは紫色を好みます。そのため、ハチを呼び寄せる紫色の花は、離れて咲いていることが多いようです。

ミツバチなどのハチは、植物にとっては、もっとも望ましいパートナーです。

まず、ハチは働きものです。また、ミツバチは女王蜂を中心として家族で暮らしています。そのため、家族のために花から花へと蜜を集めるのです。これは、植物にとっては、たくさんの花粉を運んでもらえるということになります。

◆アブを呼び寄せる黄色い花と、ミツバチを呼び寄せる紫色の花

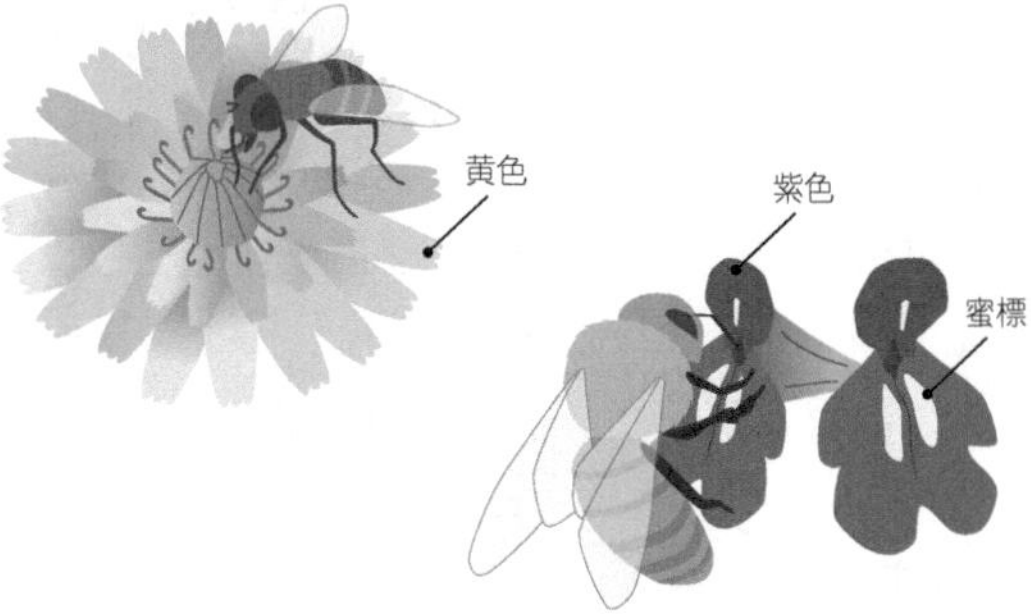

さらにハチは頭が良く、同じ種類の花を識別して花粉を運びます。加えて、ミツバチは飛翔能力が高いので、遠くまで飛ぶことができます。そのため、離れて咲いていても、しっかりと花粉を運んでくれるのです。

そこで、さまざまな花々がミツバチなどのハチを呼び寄せようと、たっぷりの蜜でハチを出迎えているのです。ところが、これには問題がありました。

蜜をたくさん用意してしまうと、他の虫も集まってきてしまうのです。せっかくハチのために奮発して用意した蜜を他の虫に奪われたのではかないません。紫色の花は、どうやってハチだけに蜜を与えることができるのでしょうか。

花の奥深くに蜜を隠す

植物は、この問題もちゃんと解決しています。

紫色の花は、ハチだけに花粉を運ばせるために、虫の能力を試すテストを用意しました。

紫色の花を見ると、複雑な形をしています。細長い構造をしていて、花の奥深くに蜜が隠されているのが基本の形です。そして、花びらには蜜のありかを示す蜜《みつ》標《ひょう》というサインが示されています。このサインを理解する頭の良さと、細い場所に潜《もぐ》り込んで、後ずさりで出てくるという能力のある虫だけが蜜にありつけるようになっているのです。

こうしてテストをクリアして、蜜にたどりついたハチは、同じ仕組みで蜜を吸うことができる花に行きたがります。そこで、同じ種類の花を選んで飛んでいくのです。

ハチだって慈善事業ではありませんから、植物のために同じ種類の花へ花粉を運ばなければならない義理はありません。

すべての生物は、自分の得だけのために行動しています。しかし、そんな利己的な行動が、人間から見るといかにも助け合っているかのような、お互いに得になる関係が作られているのです。自然界の仕組みというのは、本当に良くできています。

ちょうちょうはなぜ、菜の葉にとまるのか？

モンシロチョウは「菜の葉」にとまる

ちょうちょう　ちょうちょう　菜の葉にとまれ
菜の葉に飽《あ》いたら　桜にとまれ

唱歌『ちょうちょう』を聴くと、チョウが菜の花畑で花から花へと飛ぶようすを思い浮かべるかもしれません。しかし、この歌には、「菜の花」は登場しません。歌われているのは、「菜の葉」なのです。

唱歌に歌われているモンシロチョウを観察してみると、実際に菜の葉によくとまります。モンシロチョウの幼虫であるアオムシは、アブラナやキャベツなどアブラナ科の植物を餌にしています。そのためモンシロチョウは、アブラナ科の植物に卵を産みつけるのです。

この唱歌の元になったと考えられているわらべ歌の歌詞では、「菜の葉に飽いたら桜にとまれ」ではなく「菜の葉がいやなら　この葉にとまれ」と歌われています。

モンシロチョウは、足の先端でアブラナ科の植物から出る物質を確認することができます。そのため、モンシロチョウは、次から次へと葉っぱにとまっては、アブラナ科の植物を探して卵を産んでいくのです。

昆虫には餌の好き嫌いがある!?

それにしても、どうしてモンシロチョウの幼虫であるアオムシは、アブラナ科の植物しか食べないのでしょうか。もっと好き嫌いなく食べた方が、生存の場が広がるのではないでしょうか。

じつは、アオムシにも事情があるのです。

多くの昆虫が植物を餌にしようとやってきます。そのため、植物は昆虫の食害を防ぐために、さまざまな忌避《きひ》物質や毒物質を体内に用意して、防御するのです。

しかし、昆虫の幼虫にしてみれば、葉っぱを食べなければ餓死してしまいます。そこで、毒性物質を分解する方法を発達させて、何とか葉を食べようとするのです。

ただし、植物によって毒性物質の種類は違いますから、ターゲットとなる植物を定めて、植物の防御策を破る方法を身につけます。

一方の植物も負けていられません。防御策を破った昆虫から身を守るために、さらに新たな防御方法を考えます。すると、昆虫もさらにその防御方法を打ち破る策を身につけます。

まさに意地の張り合いです。しかし、植物も昆虫も自分の生存がかかっていますから、負けるわけにはいきません。こうなるとアオムシも、今さらアブラナ科以外の植物の防御策を破ることは大変ですから、アブラナ科への対応策を開発し、発達させ続けるしかなくなります。

昆虫と植物の共進化

こうして植物と昆虫には、特定のライバル関係が作られ、終わりなき競争を続けていくのです。昆虫の中には特定の植物しか餌にしないものがたくさんいますが、それは、このような理由によるものです。

昆虫と植物とは、競争しながらともに進化を遂げていきます。このような進化を「共進化」と呼んでいます。

共進化は敵どうしだけで起こるとは限りません。

三七頁で紹介したような花と昆虫の関係も、共進化によって起こります。

たとえば、ミツバチなどのハチに蜜を運んでもらいたい花は、ミツバチだけが蜜を吸いやすいような花の形に進化していきます。すると、ミツバチもその花に潜り込みやすいように進化していきます。こうして、特定のパートナーシップが発達することによって、ミツバチにしか蜜を吸えないような特殊な形をした花と、その花の蜜を好んで吸うようなミツバチがともに進化を遂げていくのです。

花の初恋物語

最初に花粉を運んだ昆虫

誰にだって初恋はあります。

進化の過程で、花の花粉を昆虫が運ぶようになったとき、植物はいったいどんな姿だったのでしょうか。そして、最初に花粉を運んだ昆虫は、どんな種類だったのでしょうか。

昆虫は植物から蜜や花粉をもらい、代わりに植物は昆虫に花粉を運んでもらう、この相思相愛の共生関係の進化の過程で、最初に花粉を運んだ昆虫は、コガネムシの仲間であったと考えられています。コガネムシこそが、植物の初恋の相手なのです。

その昔、植物は風に乗せて花粉を運んでいました。もちろん、その時代の植物の花には、昆虫を呼び寄せるための花びらはありません。

コガネムシは、最初は花粉を食べに花にやってきました。つまり、害虫だったのです。第一印象は良くなかったけれど、それが恋に発展するというのは、よくある話です。

そんなあるとき、コガネムシの体に花粉がつきます。そして、コガネムシが別の花に移動すると、偶然にも花粉が雌しべについて受粉が行われたのです。これが、植物とコガネムシとの恋の始まりでした。

たとえ花粉を食べられたとしても、花から花へと飛んでいく昆虫の体に花粉をつけて運ぶ方法は、風まかせに花粉を飛ばすよりもずっと効率的です。こうして、植物は昆虫を利用して花粉を運ぶ「虫媒花《ちゅうばいか》」を発達させていったのです。

ダーウィンの「忌まわしき謎」

昆虫を呼び寄せる植物は、被子《ひし》植物です。被子植物は裸子《らし》植物から進化しましたが（五一頁）、その進化は謎に包まれています。進化論を唱えたチャールズ・ダーウィン（一八〇九〜八二）は、被子植物の起源を「忌《い》まわしき謎」であると記しています。人間の祖先がサルであることを明らかにしたダーウィンにとってさえも、被子植物の進化は謎だったのです。

チャールズ・ダーウィン（一八〇九～八二）

古い花の形を残しているのが、モクレンの仲間と言われています。

初恋が、どこか不器用でスマートさに欠けるのは、植物の進化でも同じです。現代でさえも、コガネムシはけっして器用な昆虫ではありません。チョウやハチのように、華麗に飛び回ることはできないのです。コガネムシは墜落したかと思うほど、ドスンと花に着陸しては、餌の花粉を食べあさって花の中を動き回ります。そのため、モクレンの仲間は、上向きに咲いて、雄しべや雌しべがごちゃごちゃと無数に配置されています。そして、コガネムシが動きやすいようになっているのです。

現在でも、ハナムグリやハナカミキリなどの甲虫類（コガネムシの仲間）に花粉を運んでもらう植物は、小さな花を平たく並べて、コガネムシが動きやすいように

◆モクレンの花にやってきたコガネムシ

工夫しています。これが植物とコガネムシの初恋の形なのです。

そして、コガネムシは夏になると現れます。そのため、コガネムシに花粉を運んでもらう花は、夏の濃い緑の中で映《は》える白い花が多いようです。

白は何となく純粋なイメージの色です。コガネムシが選んだ初恋の花の色は、まさにこの純白の色だったのです。

トリケラトプスの衰退と植物の進化

被子植物とトリケラトプス

子どもたちに人気の恐竜にトリケラトプスがあります。トリは「三」という意味なので、トリケラトプスは、「三本の角を持つ顔」という意味になります。

トリケラトプスは恐竜の中でも進化した種類です。

それまでの草食恐竜は首が長く、高い木の葉を食べているものが多くいました。ところが、トリケラトプスは首が短く、脚も長くありません。しかも、頭は下向きについています。まるで、草食動物のウシやサイのようです。じつは、トリケラトプスは木の上の葉ではなく、地面から生える小さな草花を食べるように進化したのです。

恐竜が繁栄したジュラ紀の地球では、巨大な裸子植物が森を作っていました。ところが恐竜時代の最後の時代である白亜紀《はくあ》になると、きれいな花を咲かせる草花が進化を遂げていました。これが被子植物です。

被子植物と裸子植物の違い

種子を作る種子植物には、「被子植物」と「裸子植物」とがあります。

教科書では、裸子植物は「胚珠《はいしゅ》がむき出しになっている」のに対して、被子植物は「胚珠が子房《しぼう》に包まれ、むき出しになっていない」と説明されています。胚珠がむき出しになっているかどうかは、どうでもいいような気もしますが、じつは胚珠が子房に包まれたということは、植物の進化にとって大事件でした。そして、このことによって、植物は劇的に進化することになったのです。

胚珠は種子のもとになるものです。植物にとって、もっとも大切なものは、次の世代である種子です。つまり、胚珠がむき出しになっているということは、もっとも大切なものが無防備な状態にあるということなのです。ところが、あるとき、大切な種子を子房で包んで守る植物が現れました。これこそが被子植物です。

この子房の獲得こそが、後の植物に革命的な変化をもたらしました。

◆被子植物と裸子植物のつくり

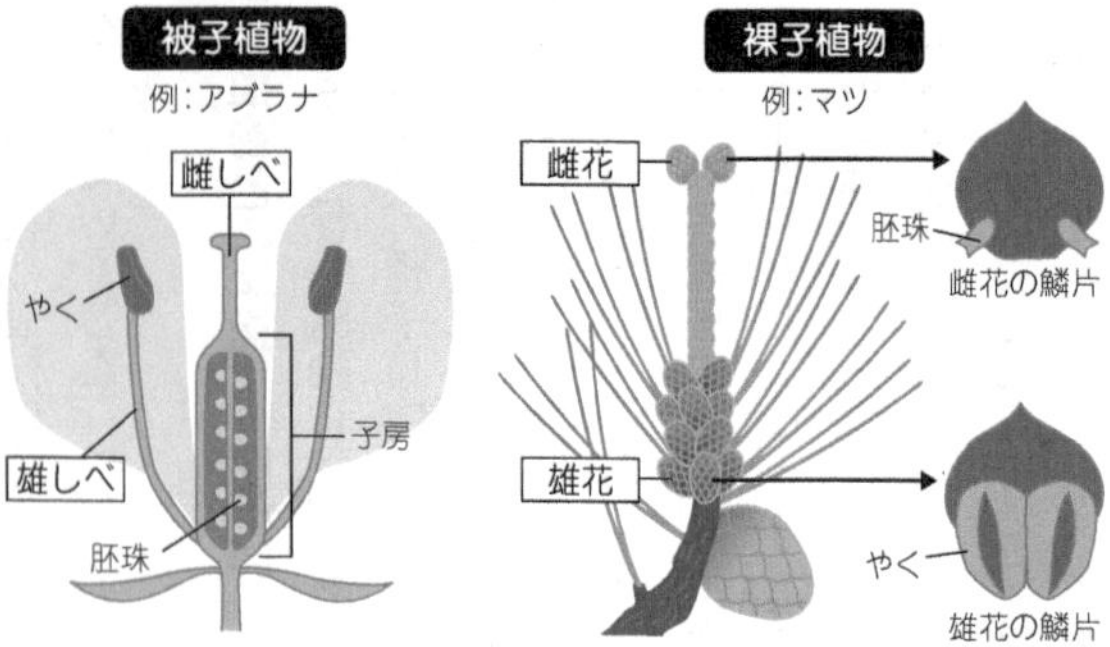

これまでの裸子植物は胚珠がむき出しになっています。そのため、花粉が確実に到達してから、花粉を受け入れて、受精の準備を始めました。

一方、被子植物は、胚珠が子房に包まれているので、子房の中で安全に受精をすることができます。そのため、花粉が到達する前から、胚《はい》を成熟させたまま準備しておくことができるようになったのです。これによって、被子植物は、花粉が到達してから受精するまでの時間を大幅に短縮することを可能にしました。

たとえば裸子植物のマツは、花粉が到達してから受精までに一年もの期間を必要とします。これに対して、被子植物は花粉が雌しべについてから、早いもので数時間、遅くとも数日中には受精が完了します。これは江戸から京都まで三十日をかけて歩いて旅していた東海道を、わずか二時間あまりで結ぶ新幹線ができたほどの劇的なスピードアップです。

被子植物は美しい花びらを進化させた

受精が速く進むということは、それだけ世代を早く更新することができます。そして、世代更新が進むことによって、進化のスピードが速まったのです。

恐竜時代の終わり頃になると、それまで安定していた環境が一変し、地殻変動や気候変動が起こるようになりました。そのため、環境に適応してすばやく変化する必要が出てきました。植物の世界がスピード時代に突入したのです。

被子植物はスピードを速めるために、最初は草として進化しました。ゆっくりと大きな木に育つような時間はなかったのです。そして、被子植物は花びらを持つ美しい花を進化させました。古いタイプの植物である裸子植物の花には花びらもなく、風で花粉を飛ばします。ところが、被子植物は美しい花びらを持った花を進化させました。そして、虫たちに花粉を運ばせる仕組みを発達させたのです。

トリケラトプスの中毒死

こうしたニュータイプの植物である草花を食べるために進化したのが、トリケラトプスだったのです。

被子植物は虫に花粉を運ばせることによって、さらに受粉の効率は良くなり、被子植物の進化のスピードはさらに加速していきました。

被子植物の進化に合わせて適応したトリケラトプス。しかし、ついには被子植物の進化のスピードについていけなかったことが指摘されています。

被子植物は世代更新をしながら、さまざまな進化を遂げていきました。そして、食害を防ぐためにアルカロイドという毒成分を身につけたのです。トリケラトプスなどの恐竜はそれらの物質を消化できずに中毒死を起こしたのではないかと推察されています。こうして草食動物にとって餌にできる植物は減少していきました。

実際に、白亜紀末期の恐竜の化石を見ると、器官が異常に肥大したり、卵の殻が薄くなるなど、中毒を思わせるような深刻な生理障害が見られるそうです。そういえば、恐竜が現代によみがえるSF映画『ジュラシック・パーク』でもトリケラトプスが有毒植物による中毒で横たわっているシーンがありました。

恐竜絶滅の直接的なきっかけは小惑星の衝突だったとされています。しかし、それ以前から、被子植物の進化によって、恐竜たちは衰退の道を歩んでいったのです。

リンゴのヘタはどこにある？

ミカンとリンゴの上下

ミカンは、どちらが上でどちらが下でしょうか？

ミカンを置くときに、私たちはヘタの部分を上にして置きます。しかし、植物として考えると枝とつながってついている柄《え》の部分が根元になります。つまり、柄がついているヘタの部分が下になるのです。

花の構造を考えると、花の根元にガクがあり、ガクの上に子房があります。この子房が果実となり、ガクの部分がヘタとなるのです。たとえば、ミカンやカキには柄のところにヘタがあります。果実のヘタは、花の根元にあったガクが変化したものです。

それでは、リンゴはどうでしょうか？　リンゴも花柄《かへい》が下と考えると、軸のある

◆カキとリンゴの断面図の比較

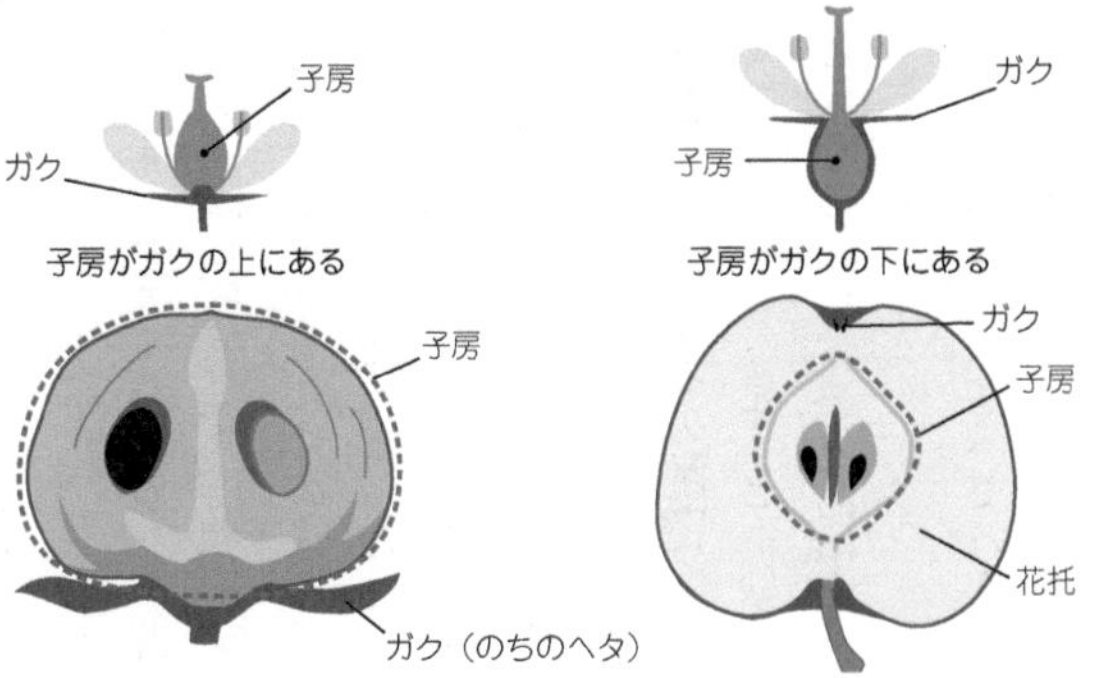

方が下になります。ところが、リンゴにはミカンやカキにあるようなヘタがないように見えます。リンゴのヘタはどこにあるのでしょうか。

　リンゴの柄の部分を下にして置いてみると、柄と果実の間にはヘタがありません。ところが、果実の反対側のくぼみを見ると、何かの痕跡のようなものがあります。これこそがカキのヘタにあたるリンゴのヘタ（ガク）です。つまり、リンゴは果実の上にガクがあるのです。

　じつは、リンゴは子房が肥大してできた果実ではありません。リンゴの果実は、花の付け根の花托《かたく》と呼ばれる部分が、子房を包み込むように肥大してできているのです。

子房が肥大した本当の果実ではないので、リンゴの実は「擬果《ぎか》」と呼ばれています。

それでは、子房に由来した本当の果実はどこにあるのでしょうか。

じつは、私たちが食べ残す芯の部分がリンゴの子房が変化したものです。もともと子房は種子を守るためのものでしたが、やがて、食べられて種子を散布させるための果実として発達しました。しかし、種子を守るはずの子房を食べさせるのは、リスクもあります。そのため、リンゴは、花托を食べさせる果実に変化して、子房は再び種子を守るようになったのです。

イチゴのつぶつぶの秘密

イチゴもよくよく見ると奇妙な果実です。イチゴのつぶつぶは、イチゴの種子です。ということは、果実の中ではなく、果実の表面に種子があることになるのです。

じつは、私たちが食べているイチゴの真っ赤な部分も、本当の果実ではありません。

◆イチゴは果実の表面に種子がある

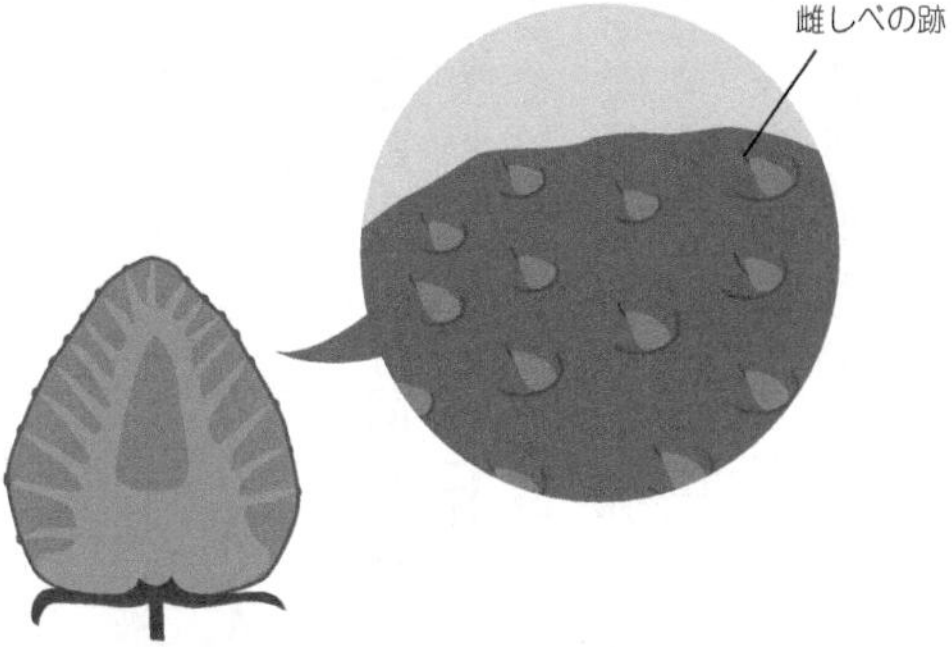

イチゴの実の表面にあるつぶつぶが本当の果実。

イチゴの赤い実もまた、花托と呼ばれる花の付け根の部分が太ったものです。イチゴは花托の上に小さな子房をたくさんのせています。そして、花托を肥大させるのです。

それでは、イチゴの本当の実はどこにあるのでしょうか。

じつは、イチゴの種子だと説明したつぶつぶが、イチゴの本当の実です。イチゴの粒をよく見ると、棒状のようなものがついています。これが雌しべの跡です。果実は、雌しべの根元にある子房が発達してできるので、この粒こそが、イチゴの本当の果実なのです。

果実は鳥に食べさせるために果肉を太ら

せますが、イチゴは花托を美味《おい》しく太らせるので、本当の果実を太らせる必要はありません。そのため、イチゴは、この小さな粒の中に、たった一つ種子が入っています。

果実といっても、イチゴの果実は種子をくるんでいるだけの存在です。そのため、イチゴのつぶつぶは、ほとんど種子のようなものと言っていいでしょう。

リンゴとイチゴは同じ仲間

似ても似つかないように見えるリンゴとイチゴは、同じ仲間の植物です。意外に思うかもしれませんが、リンゴとイチゴはバラ科の植物です。

バラ科は植物の中でも進化の進んだ植物の一つであると言われています。何を隠そう、果実を食べさせて種子を散布するというアイデアを最初に実現した植物の一つがバラ科の植物だとされているのです。それだけ進歩的な植物であるせいか、バラ科の植物は果実に先進的な工夫を凝らし、複雑な果実を作っているのです。

それにしてもリンゴとイチゴが同じバラ科というのは、納得がいかない気もします。何しろリンゴは木になるのに対して、イチゴは草で大きな木にはなりません。植物にとって木や草とは何なのでしょうか。これについては九六頁で紹介することにしましょう。

リンゴにとって
芯は一番大切な
ものなんだね

日本タンポポ対西洋タンポポ

「踏まれても立ち上がる」はウソ？

雑草は、踏まれても踏まれても立ち上がると言われます。

本当でしょうか？


一度や二度、踏まれたくらいであれば雑草も立ち上がってきます。しかし、何度も踏まれるような場所では、雑草は立ち上がってきません。

雑草は踏まれたら立ち上がらないのです。

雑草はたくましいと思っていたのに、何とも情けないとがっかりする人もいるかもしれません。しかし、そもそも、どうして立ち上がらなければならないのでしょうか。

植物にとって一番大切なことは、花を咲かせて、種子を残すことです。そうだとすれば、踏まれても立ち上がるという余計なことにエネルギーを使うよりも、踏まれながら花を咲かせて種子を残すことの方が、大切です。

踏まれても、立ち上がらなければならないというのは、人間の幻想です。植物の生き方は、人間の情緒的な根性論よりも、ずっと合理的なのです。

踏まれやすいところに生えるタンポポが、茎を倒して花を咲かせていることがあります。これは踏まれて倒れてしまったわけではありません。踏まれて葉が刺激を受けると、最初から茎を横に伸ばします。こうして、踏まれるダメージから逃れているのです。

日本タンポポは弱い？

よく知られているように、タンポポには外国からやってきた外来の西洋タンポポと、昔から日本にある在来の日本タンポポに大別されます。西洋タンポポが勢力を拡大しているのに対して、在来の日本タンポポはだんだんと数が減っています。

だとすれば日本タンポポよりも、西洋タンポポの方が強いのでしょうか。

◆タンポポの見分け方

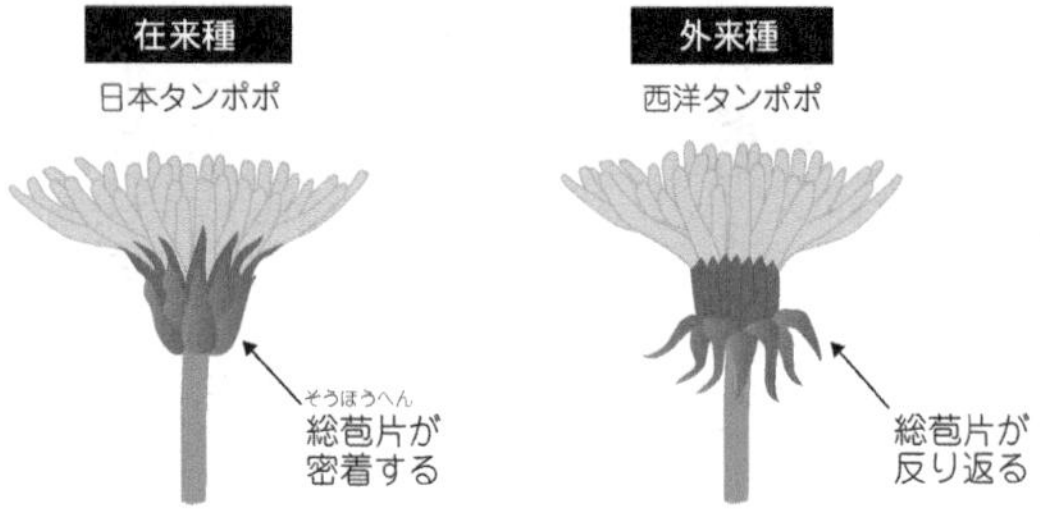

西洋タンポポは総苞片が反り返る。

両者の能力を比べてみることにしましょう。

西洋タンポポは日本タンポポよりも、小さくて軽い種子を作ります。そのため、より遠くまで種子を飛ばすことができます。そして、種子が小さいということは、その分だけ、種子の数を多くすることができます。

また、日本タンポポは他殖《たしょく》なので、ハチやアブなどが花粉を運んでこないと種子ができません。三八頁に群生して咲くと書いたのは、日本タンポポのことです。

それに対して、西洋タンポポは花粉がつかなくても種子を作ることができるアポミクシス（無融合生殖）という特殊な能力を持っています。そのため、まわりに花がなく、昆虫がいないような環境でも、種子を作ることができるのです。

それだけではありません。日本タンポポは春にしか咲きませんが、西洋タンポポは一年中、花を咲かせることができます。そのため、西洋タンポポは次から次へと花を咲かせて、次から次へと種子をばらまくことができるのです。

タンポポの生態的地位

こうして見ると、どうも西洋タンポポの方が、日本タンポポよりも強そうです。

しかし、本当にそうでしょうか。

日本タンポポは、西洋タンポポよりも大きな種子をつけます。これは、遠くまで飛ばす上では不利ですが、大きな種子からは大きな芽生えが育ちます。これは、他の植物と競って伸びる上では大切です。また、他の花の花粉と交配することによって、バラエティに富んださまざまな子孫を残すことができます。これは、多様な環境に適応するのに有利です。

さらに、日本タンポポは春にしか咲きません。そして、さっさと咲き終わって種子を飛ばすと、根だけ残して自ら枯れてしまうのです。

夏になれば、他の植物は生い茂って、小さなタンポポには光が当たりません。そこで、他の植物との戦いを避けて、地面の下でやり過ごすのです。つまり、日本タンポポは、自然豊かな環境で育つのに、とても戦略的なのです。

一方、西洋タンポポは、種子が小さく競争力は高くありません。また、一年中、花を咲かせようとするので、夏には他の植物に負けてしまいます。その代わりに他の植物が生えないような都会の道ばたで花を咲かせて、分布を広げているのです。

西洋タンポポが広がり、日本タンポポが少なくなっているということは、じつは、日本には日本タンポポが生えるような自然が減少し、都会の環境が増えているということなのです。

西洋タンポポと日本タンポポで、どちらが強いということはありません。どちらも自分の得意な場所を生息地にしています。このような生息地のことを「ニッチ（生態的地位）」と言います。

雑草といえども、どこにでも生えるというわけではないのです。

生き抜くための戦略がすごい！

水戸黄門の印籠はフタバアオイ

徳川家と葵の御紋

「控えおろう、この紋所《もんどころ》が目に入らぬか」

懐《ふところ》から出した印籠《いんろう》に記された三つ葉葵《あおい》の御紋を目にしたとたん、悪代官どもは一斉に地面にひれ伏します。有名な時代劇『水戸黄門』の一場面です。

三つ葉葵の御紋は、将軍家である徳川家の家紋であり、江戸時代には、恐れ多い存在だったのです。

三つ葉葵は、ハート形の葉を三枚組み合わせたデザインになっています。この家紋のモチーフとなったのは、ウマノスズクサ科のフタバアオイ（双葉葵）という植物です。フタバアオイの名のとおり、実際には葉を二枚つけるのですが、図案の良

◆三つ葉葵の家紋

さから、三つ葉葵は葉を三枚組み合わせたデザインになっているのです。

葵というと、花の美しいタチアオイやトロロアオイなどを連想しますが、これらはアオイ科の植物です。フタバアオイは、ウマノスズクサ科なので、似ても似つきません。しかし、ハート形の葉の形が似ているので、どちらも「葵」と呼ばれているのです。

初代将軍である徳川家康は、献上されたワサビをたいそう気に入ったとされています。ワサビは、漢字で「山葵」と書くように、葉っぱの形が葵に似ています。そのため、家康は喜んだのです。

また、徳川家の家紋が三つ葉葵になったエピソードとして、徳川家康の祖父である松平

◆三つ葉葵によく似た三つ河骨の家紋

清康《きよやす》が戦場へ向かう際に、水辺に生えていた草の葉に料理を盛って出された後に勝利したことを喜んで、三つ葉葵を旗印にするようになったとも伝えられています。このとき、使われた植物は、ミズアオイです。ミズアオイは、ミズアオイ科の植物ですが、葉が葵と同じくハート形をしているので、「水葵」と名付けられたのです。

江戸時代は、葵の御紋は将軍家しか使うことができませんでした。

そこで、三つ葉葵にあこがれて、登場したのが、上図の家紋です。

三つ葉葵にそっくりのこの家紋は「三つ河《こう》骨《ほね》」と言います。河骨は、水辺に生えるコウホネという植物のことです。コウホネは、水辺で鮮やかな黄色い花を咲かせるスイレン科の水草です。

コウホネの葉はハート形をしているので、こんな家紋が作られたのです。

ハート形は機能的

私たちのまわりを見回してみると、ハートの形をした葉をよく見かけます。

じつは、ハートの形は、機能的なのです。

植物が、光を受けて光合成を行うためには、葉の面積が広いほど有利です。しかし、あまりに葉が大きいと、葉柄《ようへい》が葉を支えることができません。そこで、葉柄についている方の葉の面積を広げて、ハート形にすれば、葉柄は重心のバランスを保ちながら大きな葉を支えることができます。つまり、ハート形にすることで、葉の面積を大きくすることができるのです。さらに、ハート形の葉は付け根の部分がえぐれているので、葉に受けた雨水や夜露《よつゆ》が、葉柄を伝わって茎の根元に落ちてきます。こうして水を集める役割もしているのです。

何気ない葉の形にも、ちゃんと理由があるのです。

紅葉はなぜ赤くなる？

植物の葉は生産工場

秋になると、木々の葉っぱは鮮やかな赤や黄色に色づきます。秋の紅葉はとてもきれいです。それにしてもなぜ、夏の間、緑色をしていた葉っぱが、秋になると色が変わるのでしょうか。

これには葉っぱの悲しい物語が隠されているのです。

植物にとって、葉は光合成を行う大切な器官です。いわば、糖の生産工場のようなものです。植物の葉にとって、夏は忙しい季節です。工場のエネルギーである太陽の光は、ふんだんに降り注ぎます。また、光合成は化学反応なので、温度が高いと活発になります。そこで、日差しが強く、温度が高い夏の間、植物の葉は盛んに光合成を行って、糖を作りだしていくのです。まさに景気の良いときの工場さながらです。

ところが、好景気はいつまでも続きません。やがて夏は終わりを告げ、いつしか涼しい秋風が吹き始めます。日差しは日に日に弱くなり、昼の時間も短くなっていきます。光合成に必要な太陽の光は少なくなり、気温が下がると光合成の効率も低下していきます。糖の生産は、次第に低下していくのです。

そして、季節は冬へと向かっていきます。

生産量が低下していた葉っぱの生産工場は、ついに赤字に転落します。糖の生産量は下がっても、呼吸で糖は消費されていきます。それどころか、葉からは水分が蒸発していきます。秋から冬になると雨が少なくなります。光合成をしないどころか、貴重な水分を浪費していくのです。

出向していた幹部社員が本社に戻り、資産価値のある備品が本社に引き取られるように、葉っぱにあったためぼしいタンパク質はアミノ酸に分解されて、本体である木の幹に回収されていきます。どうやら工場閉鎖が近いようです。

そして、あるとき植物は、お荷物となってしまった葉を切り捨てることを決断します。植物は、葉の付け根に「離層《りそう》」という水分や栄養分を通さない層を作ったのです。もはや水分も栄養分も葉に供給されることはありません。

「離層」。これまで頑張ってきた葉っぱにとって、何という冷たい響きの言葉なのでしょう。どこか「リストラ」という言葉に似ているところが、切ないところです。

リストラされた葉の運命

しかし、生産工場である植物の葉っぱは、けなげです。水分や栄養分の供給が断たれているにもかかわらず、限られた手持ちの水分と栄養分を使って葉を維持しながら光合成を続けていきます。

ですが、どんなに頑張って光合成を続けても、作られた糖が植物本体に届けられることはありません。葉の付け根には、離層という厚い壁があるのです。こうして葉で作られた糖は少しずつ葉の中に溜められていきます。

やがて、葉の中の糖分からは、アントシアニンという赤い色素が作られていきます。植物にとって、アントシアニンは、水不足や寒冷な気温によるストレスを軽減

◆葉が赤くなる仕組み

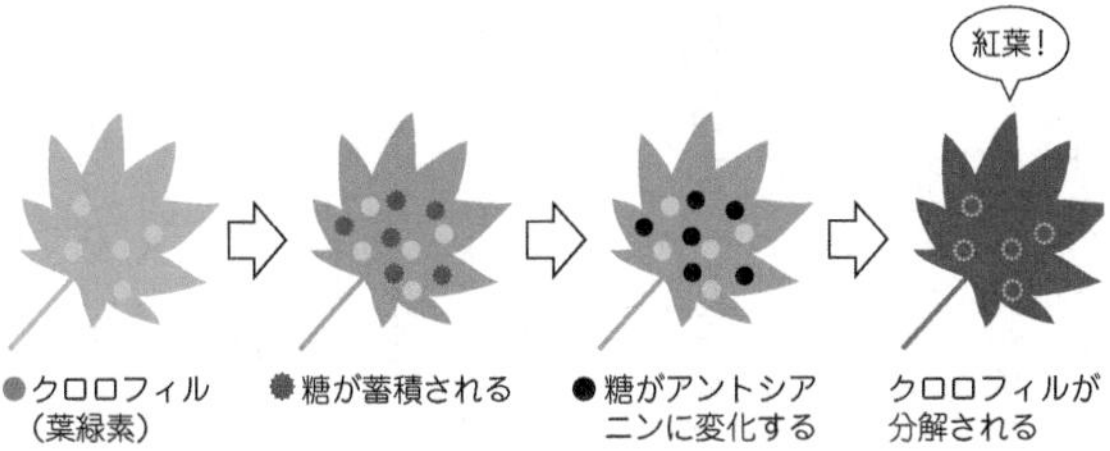

させる物質です。本社から見捨てられながら、水不足かつ、低温の中で糖を作る小さな生産工場は、必死に生き残りを図ろうとしているのかもしれません。しかし、それにも限界があります。

光合成を続けていた葉の中のクロロフィル（葉緑素）は、やがて低温によって壊れていきます。そして緑色のクロロフィルが失われていくと、葉に溜まっていたアントシアニンの赤い色素が目立ってくるのです。

紅葉は昼夜の温度差が大きいと美しいと言われます。昼の間、光合成で稼いだ糖が、夜の寒さでアントシアニンに変化していきます。そして、クロロフィルは壊れていくのです。

夏の間、働きに働き、稼《かせ》ぎに稼いだ末のリストラ。葉の生産工場の無念が強ければ強いほど、紅葉はその色を濃くするのです。

しかし、皆さんの中には、どうして植物が水不足や寒さに耐《た》えるために作りだす物質が、赤い色をしているのか疑問に思う人もいるかもしれません。

植物が赤色や黄色の花を咲かせるのは、昆虫を呼び寄せるためでしたし、植物の果実が赤く色づくのは、鳥を呼び寄せるためでした。それでは、紅葉が赤くなることに何か意味はあるのでしょうか。

紅葉の赤色は意味がない？

パソコンやスマホなどで目を酷使する現代。疲れ目に良い成分としてアントシアニンが注目されています。それにしても、どうして植物の成分であるアントシアニンは人間の目に効果があるのでしょうか。

アントシアニンは植物が持つ赤紫色の色素です。植物はこのアントシアニンを使って、さまざまなものを色づかせます。

たとえば、赤色や紫色などの花の色はアントシアニンによるものです。植物はこうして花を色づかせて昆虫を呼び寄せて、花粉を運ばせるのです。

また、リンゴやブドウなどの果実の赤色や紫色もアントシアニンによるものです。植物はこうして果実を色づかせて鳥を呼び寄せて、種子を運ばせるのです。

動けない植物にとって、動けるチャンスが二回あります。それは、花粉と種子です。植物はこの花と果実という動けるチャンスに色素を巧《たく》みに使っているのです。

このように花や果実の色には、意味があります。しかし、どうして色づいているのかわからないものもあります。

たとえば、すでに紹介したように紅葉はアントシアニンによって赤く色づきます。紅葉は私たち人間の目を楽しませてくれますが、植物が生きていく上で美しく色づくことに意味はまったくありません。そういえば、赤ジソの葉なども赤紫色になります。これもアントシアニンの効果です。しかし、葉が色づいても、昆虫も鳥も寄ってはきません。

あるいは、サツマイモの皮の色もアントシアニンによるものです。土の中にあるサツマイモがきれいに色づいても、あまり意味があるようには思えません。

アントシアニンの役割

じつは、アントシアニンには、色をつける色素以外の役割があるのです。

たとえば、アントシアニンには紫外線を吸収し、紫外線から細胞を守る働きがあります。赤ジソの葉などがアントシアニンを持っているのはそのためです。

また、細胞の浸透圧を高めて、細胞の保水力を高めたり、凍結するのを防いだりします。紅葉した葉がアントシアニンを蓄積しているのは、水不足や寒さから葉を守るためだったのです。

また、抗菌活性や抗酸化機能があり、病原菌から身を守ります。土の中のサツマイモが皮にアントシアニンを持っているのは、そのためなのです。

いったい一石何鳥なのでしょう。アントシアニンは、本当に便利な物質なのです。

植物には、アントシアニン以外にもさまざまな色素がありますが、それらはすべて色素としてだけではなく、さまざまな機能を持っています。

動けない植物は、病害虫や環境の変化から身を守るために、さまざまな物質を作りだしますが、それらの物質を作りだすためにはコストがかかります。根から吸っ

◆アントシアニンの役割

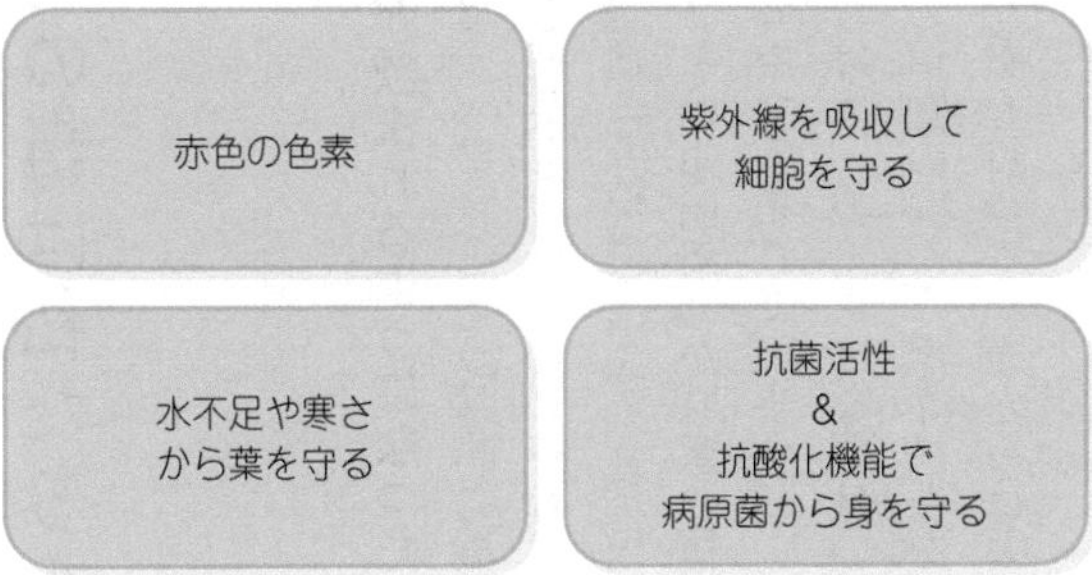

た養分や光合成で作り上げた糖分を使わなければならないのです。しかし、栄養分を成長に投資して大きくなることも必要ですから、身を守るための物質ばかりを作っているわけにはいきません。

そこで植物は、一つの物質でさまざまな機能を持つ多機能な物質を好んで生産するのです。この多機能な物質の抗菌活性や抗酸化機能は、私たちの体の中でもさまざまな効果をもたらします。そして、植物の多機能な物質は、人間の体の中で、植物が意図しないような有用な作用をもたらすことも期待できるのです。

植物の毒は私たちを魅了する

お茶が飲まれるようになったのは……

お茶はチャノキという植物の葉から作られます。

緑茶も紅茶も、ウーロン茶も、すべてチャノキが原料です。チャノキは、ツバキ科の常緑樹（八四頁）です。葉は、濃緑色で硬く、ツバキの葉によく似ています。

チャノキは中国南部が原産の植物ですが、今や世界各地で栽培され、緑茶や紅茶は、世界中で飲まれています。

森に行けば、似たような葉はいくらでもあるような気もしますが、どうして、たくさんの植物の中からチャノキを選び出したのでしょうか。そもそも、どうして似たような葉を持つツバキからはお茶が作られなかったのでしょうか。

中国の古い伝説では、神農《しんのう》という人がいて、さまざまな植物を試食して、薬にな

◆チャノキの葉、コーヒーノキの種子、カカオの種子

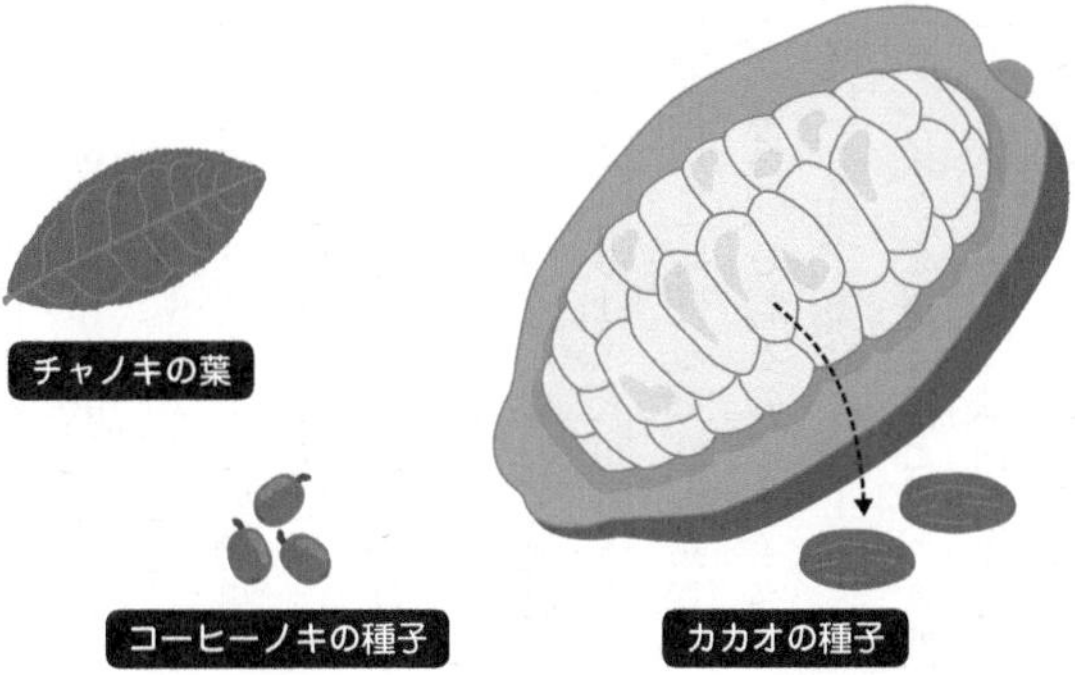

るものや食用になるものを選び出していったと言われています。しかし、誤って毒草を口にしてしまったときには、毒消しのためにチャノキの葉を噛《か》んだそうです。つまり、伝説の時代には、すでにチャ（茶）は薬として他の植物に先駆けて利用されていたのです。

人類を魅了するカフェイン

紅茶は、世界の三大飲料の一つに数えられています。あとの二つは、コーヒーとココアです。コーヒーもココアも植物を原料にしています。

コーヒーは、アカネ科のコーヒーノキの種子から作られます。またココアは、アオ

ギリ科のカカオの種子から作られます。

この三大飲料には、共通して含まれている物質があります。それが、カフェインです。カフェインには眠気を覚まして頭をすっきりさせたり、疲労を回復したり、集中力を高めたりするなどの効果があります。人類は、無数にある植物の中からカフェインを含む植物を選び出したのです。

どうして、植物は人間に良い効果をもたらすカフェインを持っているのでしょうか。カフェインは、アルカロイドという毒性物質の一種で、もともとは植物が昆虫や動物の食害を防ぐための忌避物質です。

しかし、弱い毒は、人間の体では薬として働きます。カフェインには、人間の神経の鎮静作用を妨《さまた》げる毒性があります。そのため、人間の神経は覚醒や興奮を起こして体が活性化されるのです。さらに、毒性物質であるカフェインを感じた人間の体は、毒に対抗するために生きるためのさまざまな機能を活性化させます。こうして、カフェインを摂ることで、人間は心身ともに元気になるのです。

また、カフェインには利尿作用があります。コーヒーや紅茶を飲みすぎるとトイレに行きたくなりますが、これは人体が毒性物質であるカフェインを体外に排出しようとしているからです。

カフェインを含むのはコーヒーや紅茶ばかりではありません。ココアと同じカカオの実から作られるチョコレートにもカフェインは含まれています。また、カカオと同じアオギリ科にはコーラと呼ばれる植物がありますが、このコーラの実がコーラ飲料の原料です。植物が持つカフェインという毒は人類を魅了しているのです。

毒と薬は紙一重

人類を魅了した植物の成分は、カフェインばかりではありません。

タバコのニコチンも、もともとは植物が持つ毒性物質ですし、トウガラシの辛味成分であるカプサイシンや、ラン科植物であるバニラの実に含まれるバニリンも、人類を魅了する植物の毒性物質です。また、ハーブティや香辛料、薬草などに含まれる成分の多くは、もともとは植物にとっては身を守るための毒性物質です。

毒と薬は紙一重。人類は古くから、植物の持つ毒性物質を、巧みに利用してきたのです。

マツはなぜめでたいのか？

生命力を感じさせる常緑樹

マツはめでたい植物です。

松竹梅の最初もマツですし、千年生きる鶴がとまっているのもマツの枝です。お正月には門松が飾られますし、結婚式でおなじみの謡曲《ようきょく》『高砂《たかさご》』に謡《うた》われているのもマツです。とにかくマツは、めでたいのです。

それにしても、どうしてマツはめでたいのでしょうか。


すべての生き物が死に絶えてしまったかのような冬。そんな厳寒の中でもマツの葉は色あせることなく、青々としています。この生命力を、人々は不老長寿のシンボルと称《たた》えたのです。

七二頁で紹介したように、冬に自ら葉を落として、水分の蒸発を防ぐ「落葉樹」は、冬越しに適した新しいタイプの植物です。

一方、落葉することなく、寒い冬の間も葉をつけている「常緑樹」は古いタイプの植物です。しかし、人々は常緑樹に神々《こうごう》しい生命力を感じました。

常緑樹のサカキは、漢字では木偏《きへん》に神で「榊」と書きます。そして神社では神聖な植物として玉串《たまぐし》などに利用されるのです。一方、お寺ではシキミが墓地などに植えられます。このシキミも常緑樹です。キリスト教のクリスマスではセイヨウヒイラギが飾られます。また、ヨーロッパモミの木は神聖な木としてクリスマスツリーになります。このセイヨウヒイラギやヨーロッパモミも常緑樹です。また、節分に飾られるヒイラギも常緑樹です。このように、人々は冬に青々とした葉をつけている常緑樹に惹《ひ》かれずにはいられなかったのです。

しかし、たとえ古いタイプであろうと、常緑樹にも冬の寒さに耐える工夫はあります。

常緑樹の種類

常緑樹には、大きく二つの種類があります。

一つは裸子植物の中の常緑樹です。被子植物が進化の過程で登場すると、裸子植物は極寒の地に追いやられていきました。そのため、裸子植物は寒さに適応していく中で、葉からの水分の蒸発を防ぐために、葉を細くするようになりました。このような植物を「針葉樹」と言います。

マツは針葉樹の仲間です。また、スギやヒノキ、モミなど、裸子植物の中には針葉樹と呼ばれるものが多くあります。ただし、マツのように葉を細くしてしまうと、太陽の光を受けて光合成をする効率は悪くなります。

一方、進化した被子植物には、葉が広い特徴があります。そのため、「広葉樹」と呼ばれています。葉を落とす新しいタイプの広葉樹は「落葉広葉樹」と呼ばれます。これに対して、広葉樹の中にも冬に葉を落とさない「常緑広葉樹」があります。日本のような寒い冬がある地域では常緑広葉樹は、葉の表面をワックスの層で覆って、葉から水分が蒸発するのを防いでいます。これら常緑広葉樹の葉はワックス層によって表面に光沢があることから、「照葉樹」とも呼ばれています。

◆針葉樹の葉と常緑広葉樹の葉

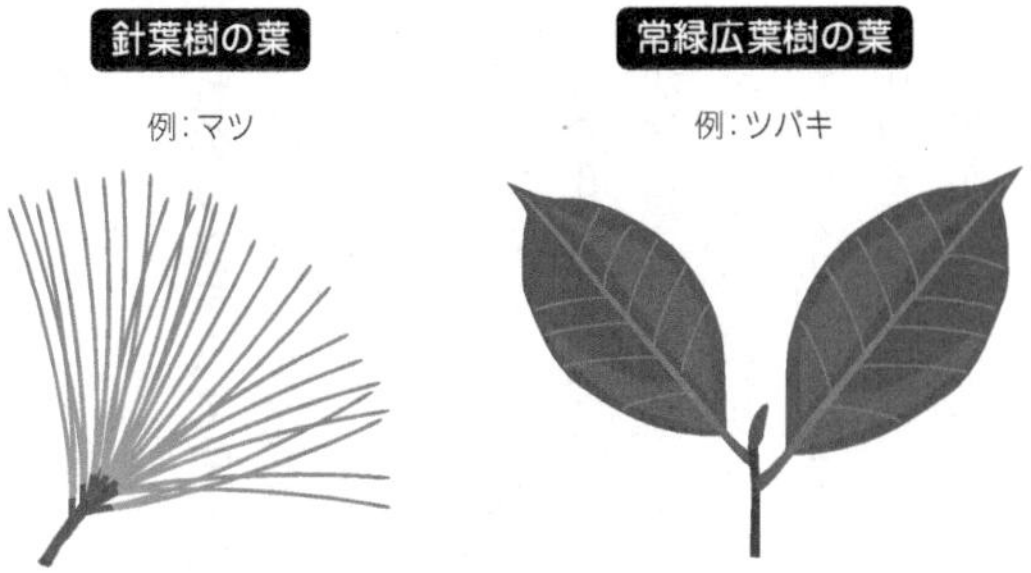

しかし、残念ながら照葉樹の頑張りには限界があるようです。照葉樹は、暖かな地域では分布しているものの、より寒い地域では通用しません。寒い地域では、やはり葉を落とす落葉樹の方が優《すぐ》れているのです。

しかし、針葉樹は、落葉樹よりもさらに寒い地域に分布しているイメージがあります。たとえば、北海道にはエゾマツやトドマツなどの針葉樹が広く分布しています。また、ユーラシア大陸や北アメリカ大陸の高緯度地域には、タイガと呼ばれる針葉樹の森が広がっています。

どうして、常緑の針葉樹は、落葉樹よりも寒い地域で生きることができるのでしょうか。そして、被子植物が分布を広げていく中で、どうして針葉樹は、落葉樹に取って代わられなかったのでしょうか。

時代遅れのシステムで生き延びた

じつは、針葉樹は時代遅れの古いタイプであったことが、思いがけず幸いしました。進化した被子植物は、茎の中に導管《どうかん》という水道管のような通水専用の空洞組織を持っていて、根で吸い上げた水を大量に運搬しています。一方、針葉樹は裸子植物なので導管が発達していません。その代わりに細胞と細胞の間に小さな孔《あな》があいていて、この孔を通して細胞から細胞へと順番に水が伝えられていきます。これは、導管が発達する前段階の「仮導管」というシステムです。

水を一気に通す導管に比べると、仮導管は水を運ぶ効率が良くありません。ところが、導管に勝《まさ》る点がありました。

導管の中は水がつながって水柱となっています。そして、葉の表面から蒸散によって水分が失われると、その分だけ水が引き上げられるのです。ところが、導管の中の水が凍結すると、氷が溶けるときに生じた気泡によって水柱に空洞が生じてし

◆針葉樹の仮導管

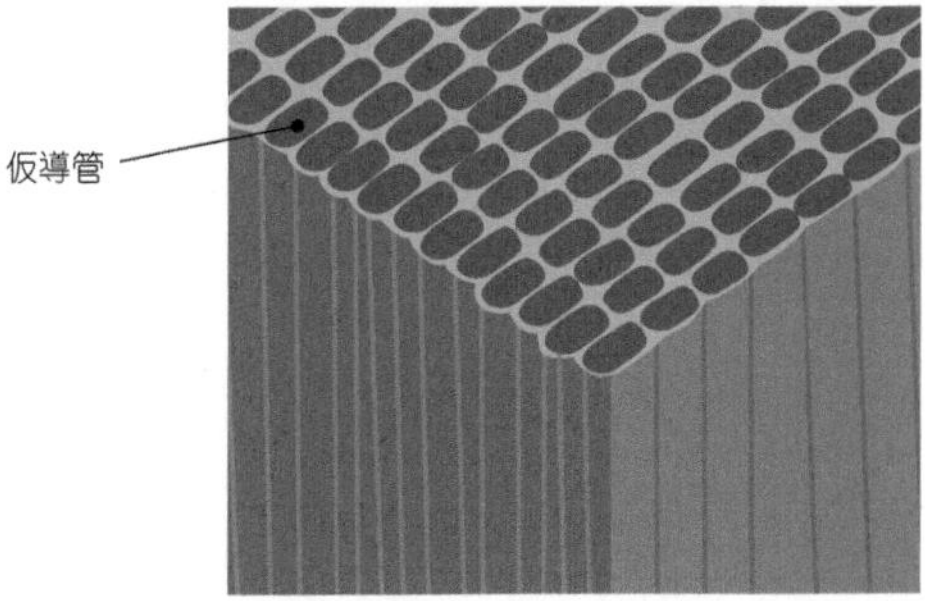

まいます。こうして、水のつながりに切れ目ができると、水を吸い上げることができなくなってしまうのです。一方、仮導管はバケツリレーのように細胞から細胞へ確実に水を伝えます。そのため、凍りつくような場所でも水を吸い上げることができるのです。

恐竜の時代、地球を制覇していた裸子植物は、進化した新しいタイプの被子植物にすみかを奪われていきました。しかし、凍結に強いという優位性を生かして、裸子植物は針葉樹として極寒の地に広がり生き延びたのです。

マツは雪が積もっている中でも、緑の葉を保っています。古いものが悪いとは限りません。マツは、この古いシステムのおかげで、めでたい植物として人々に愛されているのです。

Part Ⅱ
面白くて眠れなくなる植物学

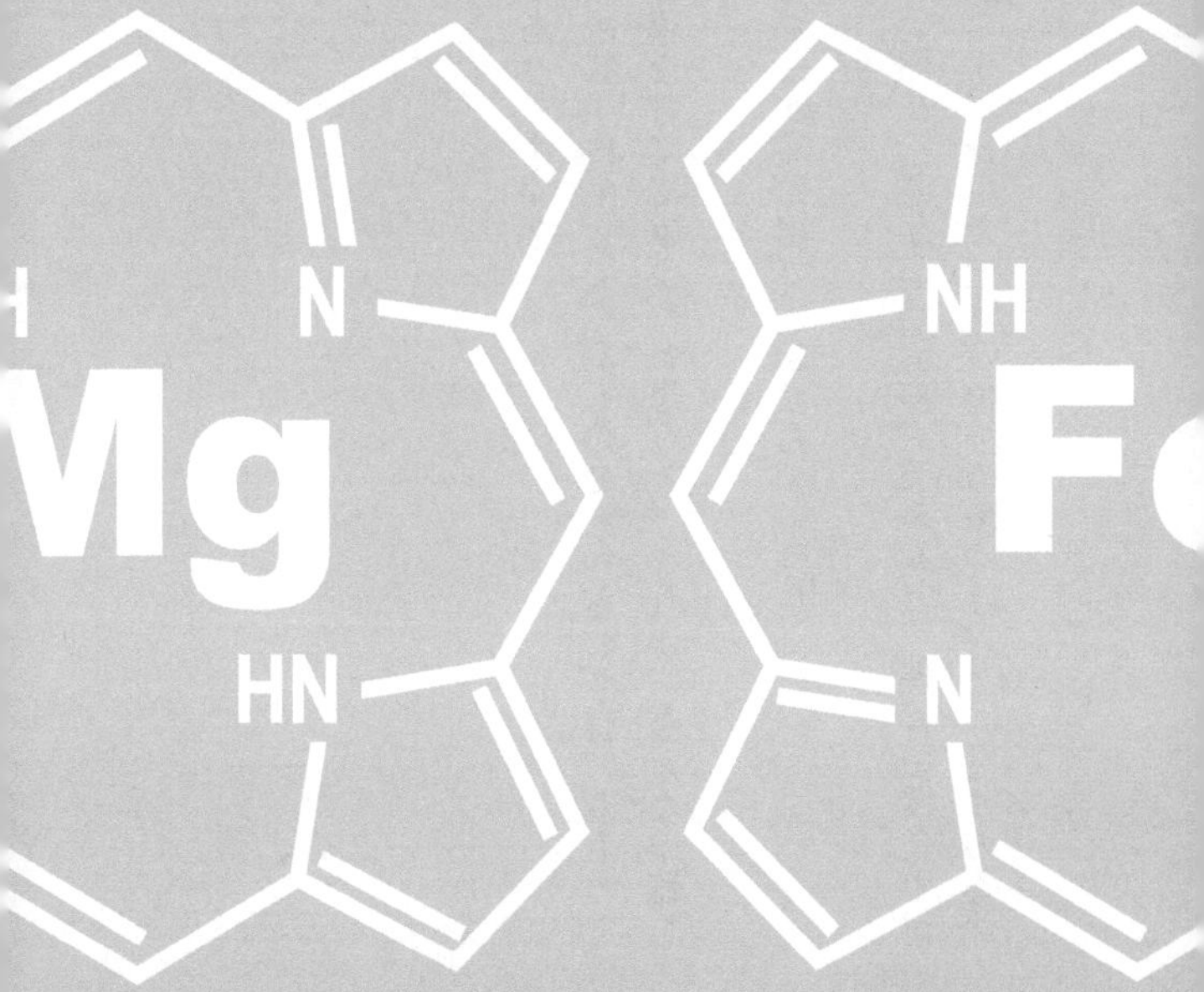

芽が出ない……

雑草を育てるのは難しい

皆さんは雑草を育てたことがありますか?

おそらくないでしょう。雑草は勝手に生えてくるもので、わざわざ育てるものではありません。しかし、いざ雑草を育ててみようと思うと、これが、なかなか難しいのです。

何しろ、種子をまいても、なかなか芽が出てきません。

植物の発芽に必要な条件は、「水分」「温度」「空気」であると、理科の授業で習いました。ところが、雑草に限らず、野生の植物の種子の多くは、この三つの条件がそろっても芽を出さないのです。

たとえば、暖かな春に芽を出し、夏に成長して、秋に種を残して枯れる植物があったとしましょう。この植物の種子は秋に土の上に落ちます。小春日和《こはるびより》という言葉があるとおり、秋にも春のように暖かな日があります。もし、このとき「水分」「温度」「空気」の条件がそろってしまったとしたら、どうでしょうか。この植物の種子は秋に芽を出してしまいます。そして、やがて来る冬の寒さで枯れてしまうのです。

人間が種子をまく栽培植物と違って、野生の植物は自分で芽を出す時期を決めなければなりません。そのため、発芽の条件がより複雑なのです。

種子の戦略「休眠」

このように、発芽に必要な条件がそろっても種子が芽を出さない状態を「休眠」と言います。休眠は「休む、眠る」と書きます。休眠会社や休眠口座というように、人間の世界では「休眠」という言葉は良いイメージでは使われませんが、植物にとって「休眠」は、とても大切な戦略なのです。

春に芽を出す植物の多くは、冬の寒さを経験すると休眠から目覚める仕組みを持っています。寒さの後にやってくる暖かさが本物の春であることを知っているのです。

しかし、それでも芽を出さないのんびり屋の種子もあります。

野生の植物は、どんなに条件が整っても一斉には芽を出しません。休眠からの覚醒程度は種子によってさまざまで、芽を出したり出さなかったりするのです。

自然界では何が起こるかわかりません。

もし、一斉に芽を出して、何か災害が起こったとしたら、どうでしょうか。その植物の集団は全滅してしまいます。そのため、早く芽を出すものがあったり、のんびりと芽を出すものがあったり、芽を出さずに地面の下で眠り続ける種子があったりすることによって、どれかが生き残るような仕組みになっているのです。

土の中のシードバンク

こうした理由で、土の中には芽を出さずに休眠している種子がたくさんあります。このような土の中の種子の集団は「シードバンク」と呼ばれます。つまり、「種子の銀行」です。野生の植物はいざというときのために、土の中に種子を溜めておきます。そして、シードバンクから次々に種子を芽生えさせるのです。

雑草の種子の多くは光が当たると芽を出す「光発芽性《ひかりはつがせい》」という性質を持っています。

土の中に光が当たったということは、草取りなどが行われてまわりの植物がなくなったことを意味します。そこで土の中の雑草の種子は今がチャンスとばかりに芽を出すのです。

きれいに草取りをすると、あっという間に雑草が芽を出してきて、かえって雑草が増えてしまうことがあるのは、このためなのです。

竹は木か草か？

メロンもバナナも野菜？

トマトは野菜でしょうか、それとも果物でしょうか？

これは、単純ではありません、サラダに使われることから、野菜のような気もしますが、「フルーツトマト」というトマトもあります。

かつてアメリカでは、トマトが野菜か果物かという論争で裁判まで行われたほどです。裁判の判決では、「トマトは種子を含む植物の一部という植物学事典から植物学的には果物だが、野菜畑で育てられ、他の野菜と同じようにスープに入っているから法的に野菜である」とされたそうです。

「野菜」や「果物」というのは、植物学的な分類ではありません。人間が都合良く決めただけなのです。野菜や果物の定義は国によっても違います。

日本では、草本性《そうほん》のものを野菜、木本性《もくほん》のものを果物として区別しています。つまり、木にならないものが野菜で、木に実るものが果物とされているのです。トマトは草本性の植物です。そのため、日本ではトマトは野菜として扱われています。

それでは、メロンやスイカはどうでしょうか。メロンやスイカは草本性の植物なので、野菜です。メロンは「果物の王様」と言われ、フルーツパフェにも入っていますが、定義の上では野菜なのです。ただし、メロンやスイカは果物売り場で扱われますので、「果実的野菜」と言われることもあります。

それでは、バナナはどうでしょうか。

バナナは果物に決まっていると思うかもしれません。

「バナナの木」というように、バナナは木になるような気がします。ところが、実際にはバナナは木ではなく、巨大な草です。バナナは、地面から巨大な葉が伸びて、木のような姿をしている草なのです。

それでは、バナナは野菜になってしまうのでしょうか。

農林水産省の取り扱いでは、「一年生草本類から収穫される果実」を野菜（果実的野菜)、「多年生作物などの樹木から収穫される果実」を果物としています。バナナは草本類ですが、多年生なので、果物になるのです。

木と草の区別は難しい

それにしても、バナナの木は、どうして木ではなく草に分類されるのでしょうか。

木と草とはどこが違うのでしょうか。木と草はまったく違うと思うかもしれませんが、そんなに簡単ではありません。

一般的には、茎が肥大し、硬く木化するものが、木であるとされています。そして、木化しない、しなやかな茎を持つものが草と呼ばれるのです。しかし、トマトやナスも根元の部分を見ると、まるで木のように木化しています。実際に、トマトは暖かな温室の中で育て続けると巨大な木になります。また、ナスも日本では冬には枯れてしまいますが、熱帯地方では枯れずに木になります。

タケはどうでしょうか？　タケは茎が太くなりませんし、木化もしません。しかし、茎は硬くなり、大きく成長して竹林を形成します。この特徴は草というよりは木に近いものです。そのため、タケを木とするか草とするかは、専門家でも意見が分かれています。

つまり、「木」と「草」も、植物の世界に明確な区別があるわけではなく、人間が都合良く考え出した区別に過ぎないのです。

自然界に区別はない

もともと自然界には明確な区別というものはあまりないのです。しかし、それでは人間が理解できないので、人間はさまざまな区別を作って分類して、理解しています。たとえば、富士山にはずっと裾《すそ》野が広がっています。いったい、どこまでが富士山なのでしょうか。それを人間は等高線を引いたり、県境を引いたりして、区別し整理しているのです。植物学では、植物をさまざまに分類していますが、それも大地に等高線や県境を引くように、人間が理解しやすいように線引きしているだけのことです。

六〇頁では、同じバラ科でもリンゴは木本性なのに対して、イチゴは草本性であると紹介しました。リンゴは果物で、草本性のイチゴは野菜に分類されます。しかし、植物にとって、木か草かは大きな問題ではありません。その環境に適応するように進化を遂げただけのことです。

植物の生き方は、人間が考えているよりも、ずっと臨機応変で、自由なのです。

ニンジンの上手な描き方

ニンジンの横線

ダイコンとニンジンのイラストを描くことができますか?

色を塗らないと、ダイコンとニンジンはよく似ています。

それでは、ニンジンには、何本か横線を描いてみてください。横線を描くと、ニンジンらしくなります。

実際に、ニンジンを見ると表面に横線があります。これは、細い根っこが生えていた跡です。この根っこの跡は、でたらめに出ているわけではありません。根っこの痕跡を見ると四方向に並んでいることがわかります。

線ではなく、点々を縦に並べて描くとダイコンに見えます。

◆ダイコンとニンジン

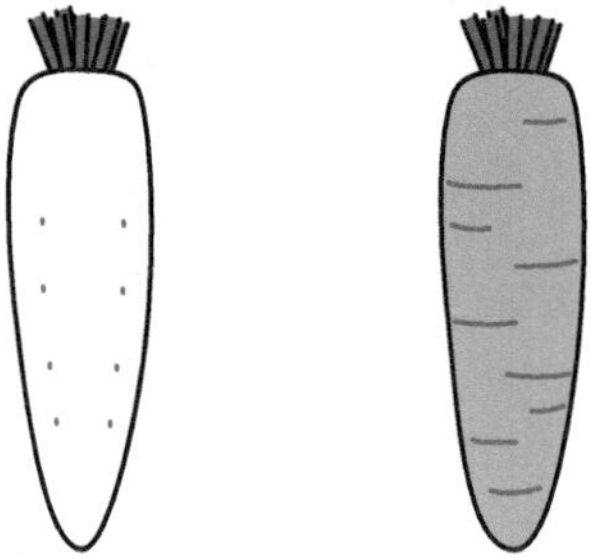

ダイコン　　ニンジン

ダイコンにも、ニンジンと同じような根の痕跡がありますが、ダイコンは線のようにならず、点が並んでいます。ちなみにダイコンの根の痕跡は二方向に並んでいます。

断面からわかる「形成層」

ニンジンを輪切りにして断面を見ると、木の年輪のような同心円があり、内側の芯の部分と、外側の部分とに分かれているのがわかります。この境目が形成層と呼ばれるものです。

形成層の内側の芯の部分が、根っこで吸った水を運ぶ導管がある木部《もくぶ》と呼ばれる部分です。そして、形成層の外側の部分が栄養分を運ぶ師管《しかん》がある師部と呼ばれる部分です。こ

◆ニンジンを縦に切ってみると、根の構造がわかる

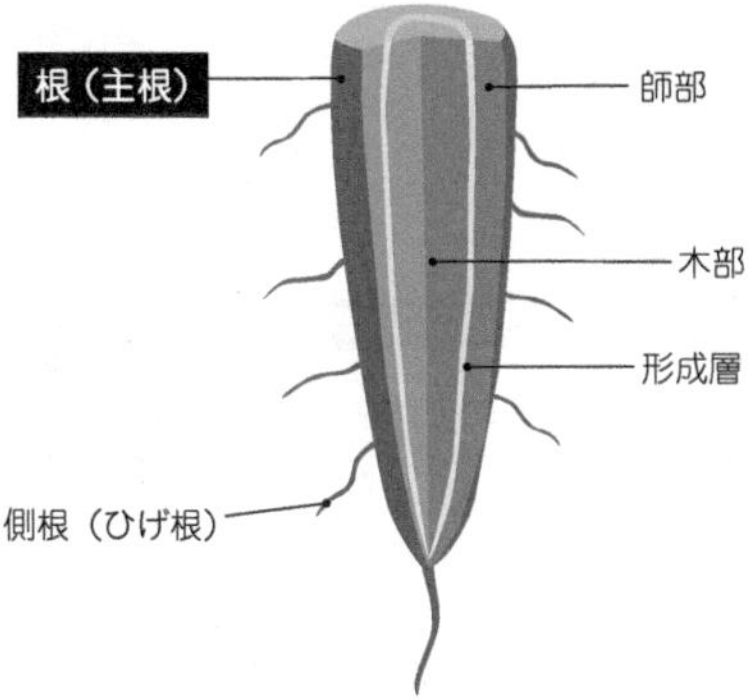

の導管と師管のセットを「維管束《いかんそく》」と呼びます。ニンジンは維管束が形成層に沿って規則的に並んでいるのです。
　ニンジンの横線に垂直に包丁を当てて、縦に切ってみると、横線のところから、内側に根が伸びていて、木部と師部の境目にある形成層までつながっているのがわかります。根で吸われた水分は、形成層まで運ばれ、木部を通って地上へ吸い上げられていくのです。
　ただしダイコンは、輪切りにしてみても、ニンジンのように明確な同心円は見られません。ニンジンは主に形成層の外側の部分が肥大して大きくなりますが、ダイコンは形成層の内側が肥大しています。そのため、形成層は皮のごく近くにあり、目立たないのです。

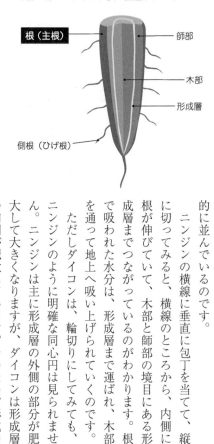

◆双子葉植物と単子葉植物の維管束の違い

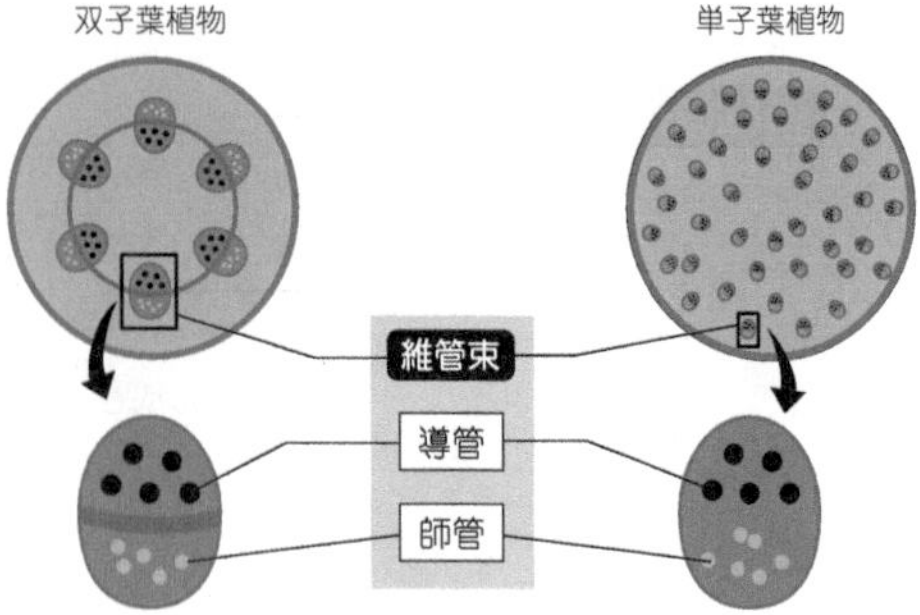

双子葉植物の維管束は規則的に並ぶ。

このような形成層があるのは、双子葉植物《そうしようしょくぶつ》の特徴です。

形成層のないアスパラガス

単子葉植物は、形成層がありません。

単子葉植物のアスパラガスを切って断面を見ると、丸いつぶつぶがたくさん点在しています。この丸いつぶつぶの一つひとつが木部と師部を含む維管束です。単子葉植物は維管束が、規則的に並ぶことなく、散らばっているのが特徴なのです。

木が先か？　草が先か？

巨大化していった植物と恐竜

巨大な大木となる「木」と、道ばたの雑草のような小さな「草」、進化の過程では、どちらがより進化した形でしょうか。

幹を作り、枝葉を茂らせる木の方が、より複雑な構造に進化をしているように思えるかもしれませんが、じつはより進化しているのは草の方です。

コケのような小さな植物からシダ植物に進化したとき、シダ植物は巨大な木となり、森を作り上げました。

恐竜映画などを見ると、巨大な植物群が森を作っています。その時代の植物は、とにかく大きくなりました。

恐竜が繁栄した時代は、気温も高く、光合成に必要な二酸化炭素濃度も高かったため、植物は成長が旺盛で、巨大化することができたのです。そして、その大きな木の上部にある葉を食べるために、恐竜たちもまた巨大化していきました。すると、植物も恐竜に食べられないように、さらに巨大化します。そして、恐竜は巨大化した植物を食べるために巨大化し、さらには首まで長くしていきました。こうして植物と恐竜とが競い合って、巨大化していったのです。まさに四五頁で紹介した共進化です。

その後、植物は、シダ植物から裸子植物、被子植物へと進化していきますが、これらは巨木の森を形成していました。

「草」の誕生

「草」である草本性の植物が誕生したのは、恐竜時代の終わりである白亜紀後期であるとされています。

この頃、地球上に一つしかなかった大陸は、マントル対流によって分裂し、移動を始めました。そして、分裂した大陸どうしが衝突すると、ぶつかった歪《ゆが》みが盛り上がって、山脈が作られます。こうして地殻変動が起こることによって、気候も変動していったのです。

環境が不安定になると、植物はゆっくりと大木になっている余裕がありません。そこで、短い期間に成長して花を咲かせ、種子を残して世代更新する「草」が発達していったのです。

草として劇的な進化を遂げたのが、現在「単子葉植物」と呼ばれている植物です。その後、「双子葉植物」の中にも草として進化を遂げるものが出てきました。現在、単子葉植物はすべてが草本性ですし、双子葉植物の中には木本性のものと草本性のものが含まれます。

単子葉植物がどのようにして進化したのかは、じつはよくわかっていません。しかし、その特徴を見てみると、環境の変化に適応するためのスピードと機能性に優れていることがわかります。

理科の教科書では、単子葉植物と双子葉植物の違いは、その名のとおり、双子葉植物の子葉が二枚であるのに対して、単子葉植物は一枚であるとされています。また、双子葉植物には茎の断面に形成層という導管と師管から成るリング状のものがあるのに対して、単子葉植物には形成層がないのが特徴です。

スピード重視の単子葉植物

これだけ見ると、単純な構造をした単子葉植物の方が古い植物で、発達した双子葉植物の方が進化した植物のような感じもしますが、そうではありません。

単子葉植物の一枚の子葉は、もともと二枚だったものをくっつけて一枚にしたものです。また、形成層のようなしっかりとした構造は、茎を太くして、植物体を大きくするために必要ですが、それだけ成長に時間がかかります。そのため、単子葉植物は、スピードを重視して、形成層をなくしてしまったのです。

他にも単子葉植物は、葉脈が平行脈であることや、根がひげ根であることが特徴づけられます。双子葉植物は、大きく成長しても大丈夫なように、しっかりとした枝分かれ構造を築いていきますが、大きく成長しない草本の単子葉植物は、スピードを重視して直線構造にしているのです。

陸上選手や水泳選手が、ぜい肉をそぎ落とし、最軽量のユニフォームで、体毛までそり落としてしまうように、スピードを重視するために、余計なものを失くしてしまったのが、単子葉植物なのです。

大根足はほめ言葉⁉

ダイコンはもっと細かった？

「大根足！」と言われて、喜ぶ人はいないでしょう。

現在では、太い足のことを大根足と言います。

ところが、平安時代頃には、「大根足」は美脚を意味するほめ言葉でした。当時のダイコンは現在のように太いものではなかったので、大根足は、細くて色の白い足を表していたのです。さらに時代をさかのぼった『古事記』には、「大根のような白い腕」という表現が出てきます。ダイコンはもっと細かったのかもしれません。

ところが、その後ダイコンの改良が進み、大きく太るダイコンが作られるようになりました。大根足が、現在のように太い足を指す言葉になったのは、江戸時代以降であると言われています。そして、数十キログラムの重さにもなる世界一大きな桜島大根や、長さ一メートルを超えるような世界一長い守口《もりぐち》大根も日本で改良されました。

ダイコンは地中海沿岸から中央アジアが原産地とされています。じつは、ダイコンの原種はほとんど根が太りません。現代でもヨーロッパでダイコンと言えば、二十日大根（ラディッシュ）のような小さなものです。

そういえば、ヨーロッパの昔話で「うんとこしょ、どっこいしょ」と引き抜かなければならなかったのは、ダイコンではなく「大きなカブ」でした。

ほとんど太らないダイコンから、丸々としたダイコンが改良されるように、人類は野生の植物に改良を重ねて、栽培植物を作っていきました。私たちが、現在利用している野菜や果物などの作物も花も、すべての栽培植物は人間の手によって作られてきたのです。

このような改良は、どのようにして行われるのでしょうか。

野生植物と自然淘汰

野生植物は、さまざまな性質の子孫を残そうとします。さまざまな性質を持たせておいた方が、環境が変化しても、どれかが生き残ることができるからです。早く芽を出したり、ゆっくり芽を出したり、縦に伸びたり、横に伸びたり、早く咲いたり、遅く咲いたり、寒さに強かったり、暑さに強かったり、病原菌に強かったり、ウイルスに強かったり、乾燥に強かったり、湿害に強かったり、とにかくバラエティに富んでいる方が自然界では有利なのです。

環境が変化して寒さに強いものだけが生き残ると、寒さに強いものの子孫が作られていきます。寒さに強いものも、バラエティに富んだ子孫を残しますので、さらに寒さに強いものから、寒さに弱く暑さに強いものまで、さまざまな子孫が作られます。もし、寒い環境が続けば、その中でもさらに寒さに強いものだけが生き残り、ますます寒さに強くなっていきます。このように「寒さに強いものだけが生き残る」という選択圧が生じると、それに適した能力が発達していきます。条件に適したものが生き残り、適さないものが取り除かれていくことを「自然淘汰《とうた》」と言います。

これは自然界でのお話です。それでは、人間が栽培している作物はどうでしょうか。

栽培植物は人間が淘汰する

ダイコンも植物ですから、さまざまな子孫を残そうとします。大きいダイコンや小さいダイコン、長いダイコンや短いダイコンなど、さまざまな特徴を持つダイコンが作られるのです。

大きいダイコンが欲しいと思った人が、大きいダイコンを選び出し、そこから種子を採ってまいていきます。そして、翌年もその中から大きいダイコンを選んでいくのです（選抜）。こうして、ある基準で選んでいくと、だんだんと大きいダイコンになっていきます。これは、厳しい寒さによって寒さに強いものが選ばれていくのと同じです。そこで、このように人間の好みによって淘汰されていくことを「人為淘汰」と呼んでいるのです。

ただし、植物は多様性のあるさまざまな子孫を残そうとしますが、バラエティに富むことは、人間が栽培する場合には、あまり良いことではありません。大きいダイコンの種子をまいたのに、小さいものや長いものがあっては不便ですし、早く芽を出したり、遅く芽を出したりされては、一斉に収穫することができません。野生植物は「多様性」が重要であるのに対して、栽培植物は「均一性」が求められるのです。

そのため、好みの植物体が得られたとしても、さらに淘汰を繰り返して、一定の性質にそろうようにします。これを「固定」と言います。このように「選抜」と「固定」によって、栽培植物の品種が作られていくのです。

植物が動かない理由

植物は食べ物を探さない

植物は、私たち人間のように歩き回ったり、走り回ったりすることはありません。

どうして植物は動かないのでしょうか。

もし、植物に聞いてみたら、植物は、きっとこう答えることでしょう。

「どうして、人間はあんなに動かなければ生きていけないのだろう」

動物は、動かなければ生きていくことができません。食べ物を探し、それを食べなければ生きていけないのです。一方、植物にはその必要がありません。だから動かないのです。

私たち人間は、人間を基準にして他の生き物を見てしまいます。しかし、人間の生き方が当たり前ということはありません。他の生き物からすれば、人間の方が、よほど変わった生き物かもしれないのです。

それにしても、植物の生き方はずいぶんと変わっています。植物は、どうして動物のように食べ物を探したり、食べたりしなくてもよいのでしょうか。その理由は「光合成」にあります。

植物は太陽の光のエネルギーを使って水と二酸化炭素から、生きるために必要な糖分を作りだすことができます。これが光合成です。

植物はこの光合成を行うことができるので動く必要がないのです。また、植物は土の中の栄養分を吸収して、生きる上で必要なすべての物質を作ることができます。そのため植物は、「独立栄養生物」と呼ばれています。

一方、動物は自分で栄養分を作りだすことができません。植物を食べたり、あるいは植物を食べた他の生物を餌にしなければ生きていくことができないのです。そのため、動物は「従属栄養生物」と呼ばれているのです。

植物と動物で、基本的な生きる仕組みに大きな違いはありません。

地球に生命が誕生した三十八億年前には、動物と植物の違いはありませんでし

◆細胞内共生説による葉緑体の誕生

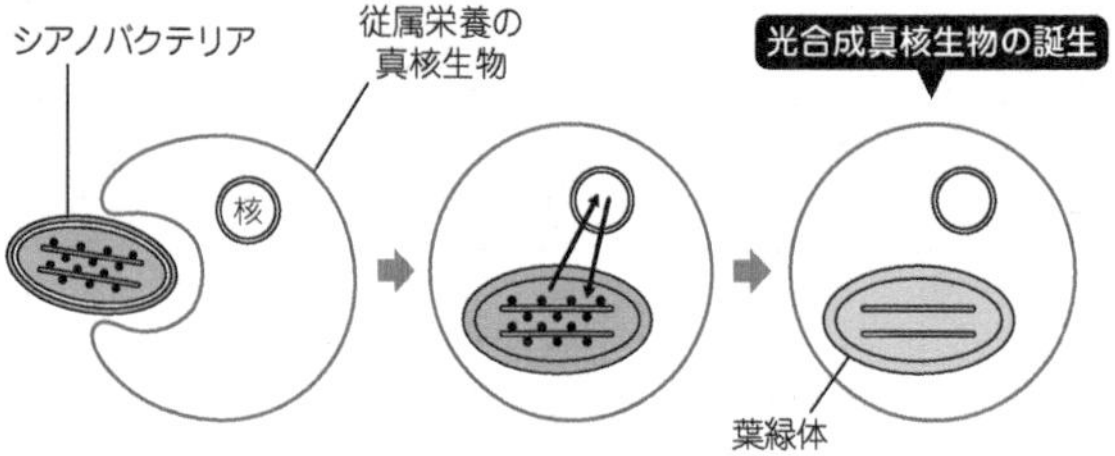

真核生物がシアノバクテリアを取り込み共生関係となる。

た。植物と動物は同じ祖先から、進化を遂げていったのです。

葉緑体の不思議

植物と動物の大きな違いは、植物は、細胞の中に光合成を行う葉緑体があることです。それでは、植物と動物とを大きく分けた葉緑体は、どのようにして作られたのでしょうか。

葉緑体には、不思議なことがあります。DNAは、細胞の核の中にあります。ところが、葉緑体は、核とは別にDNAを持ち、自分で増えていくことができるのです。じつは遠い昔、葉緑体はシアノバクテリアという独立した単細胞生物であったと考えられています。そして、より大きな単細胞生物に取り込まれて、細胞の中に共生するようになったのではないかと考えられているのです。これが現在考えられている「細胞内共生説」です。

こうして、大きな単細胞生物と光合成を行う単細胞生物との出会いによって、植物の祖先が生まれたのです。

植物はなぜ緑色をしているのか？

葉緑体とクロロフィル

植物は緑色をしています。どうして、緑色をしているのでしょうか。

植物の葉っぱの中には、葉緑体があります。光学顕微鏡で見ると緑色の粒のように見えます。この葉緑体の中には緑色の色素がたくさん入っています。この緑色の色素がたくさんあるので、葉っぱ全体が緑色に見えるのです。葉緑体の中の緑色の色素は、クロロフィル（葉緑素）と呼ばれています。

葉緑素は英語ではクロロフィルと言います。「クロロフィル」というのは、ギリシア語で緑を意味する「クロロス」と葉を意味する「フィロン」から作られた言葉です。

このクロロフィルは、植物にとって大切な役割を果たしています。

植物は、水と二酸化炭素を原料にして、生きるために必要な糖分を作りだします。これが「光合成」です。この光合成を行っているのが、クロロフィルなのです。

「葉緑体」とか「葉緑素」とか、何だかややこしいですね。クロロフィルは、葉緑体の中にある色素です。つまり、葉緑体が光合成を行う工場だとすれば、クロロフィルは、実際に光合成を行う装置のようなものです。

それでは、クロロフィルは、どうして緑色をしているのでしょうか。

太陽の光と光合成

太陽の光は、さまざまな色が混ざってできています。クロロフィルは光合成をするために、主に波長の短い青色と波長の長い赤色や黄色の光を利用します。そのため、これらの色の光は、クロロフィルに吸収されてしまいます。そして、その中間の緑色の光は、光合成にはあまり利用されないので、吸収されずに反射するのです。

私たちの目は赤い光が目に入ると赤く見えます。たとえば、赤以外の光を吸収し、赤色の光を反射すると、私たちの目には赤い色が目に入ります。そのため、赤い色を反射するものは、私たちには赤く見えるのです。

クロロフィルは青色と赤色、黄色い光を吸収して利用し、緑色の光は反射します。そのため、私たちの目には緑色に見えるのです。

赤ジソや紫キャベツの葉のように、緑色ではない葉っぱもありますが、それらはクロロフィルだけでなく、他の色素を持っています。そのため、緑色が隠れてしまっているのです。

植物プランクトンと赤色の海藻

ただし、緑色でない植物もあります。海藻サラダに盛り付けられる海藻の中には、鮮やかな赤色をしているものがあります。これらの海藻は、クロロフィルを持っていません。

海の中でも浅い海に生える海藻は、陸上の植物と同じように赤色と青色の光を使って光合成を行い、緑色の光は使いません。そのため、これらの海藻は緑色をしていて、「緑藻類《りょくそう》」と呼ばれています。

ところが、海の中に深く潜ると、海の水が赤い光を吸収してしまいます。水は赤っぽい色の光をわずかに吸収する性質があります。コップ一杯の水では無色に見えますが、深くなるとその吸収量が大きくなります。

タイやエビのように深い海に棲む生き物は、鮮やかな赤い色をしています。深い海の中では赤い光が届かないので、赤い色は見えなくなります。そのため、赤い色が身を隠すのにもっとも適しているのです。

海の中の海藻は、光合成に赤い光を使うことができないので、主に青い色を吸収する光合成色素を持っています。そして光合成に利用しない赤色と緑色の光を反射するのです。これは、陸上で私たちが見ると赤色と緑色が混ざった褐色になります。そのため、これらの藻類は「褐藻類《かっそう》」と呼ばれているのです。

また、水面に植物プランクトンがあると、残された青色の光さえ吸収されてしまいます。すると海藻は、仕方なく光合成には適さない緑色を吸収する光合成色素で光合成を行います。そして緑色の光を利用し、赤色を反射するのです。これらの海藻は、私たちが陸上で見ると鮮やかな赤色に見えます。そのため、「紅藻類《こうそう》」と呼ばれています。

陸上にある植物は、浅瀬にある緑藻類が、陸上が隆起して浅瀬が干上がっていく中で、次第に陸上への適応を迫られて進化を遂げていったと考えられています。そのため、私たちが目にする植物の多くは緑色をしているのです。

植物の血液型は?

植物にも血液型はある?

私たち人間や動物と同様に、植物にも血はあるのでしょうか。

植物を切っても、私たちのように血が滴《したた》り落ちるようなことはありません。植物に、血はないのです。

しかし、植物が持つクロロフィル（葉緑素）は、私たちの血液の赤血球に含まれるヘモグロビンとよく似ています。クロロフィルとヘモグロビンの基本的な構造は同じです。ただ違うのは、クロロフィルは分子構造の中央がマグネシウム（Mg）であるのに対して、ヘモグロビンは中央が鉄（Fe）なのです。

クロロフィルとヘモグロビンがよく似ているのは、ほんの偶然です。しかし、植物と動物は、姿や形は大きく違いますが、基本的な生きる仕組みには大きな違いは

◆クロロフィルとヘモグロビンはよく似ている

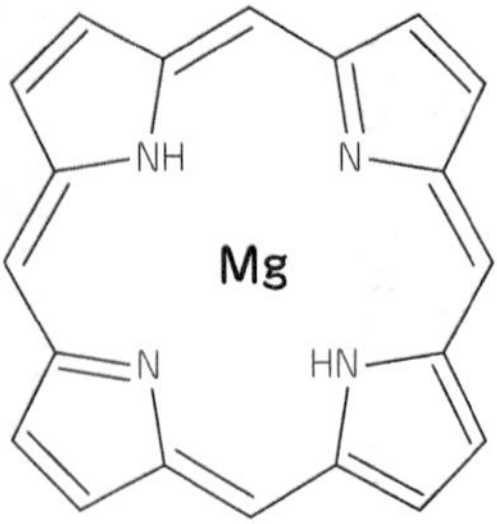

クロロフィル

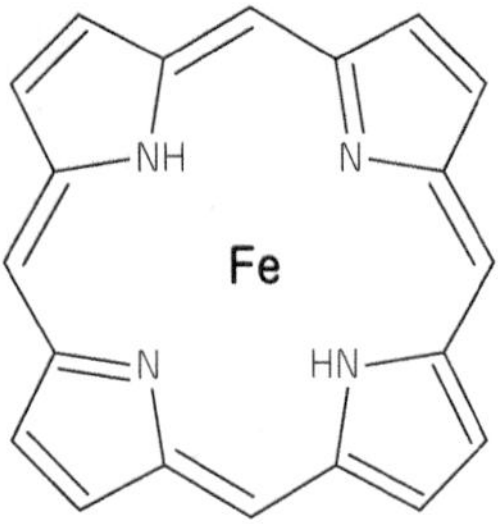

ヘモグロビン

ありません。そのため、植物と動物とが似たようなものを持っていても不思議はないのです。

また、人間には血液型がありますが、植物の中にも、血液型の検査をすると、人間の血液と同じような反応をする物質を持つものがあることが知られています。

人間の血液型は、血液の中の糖タンパクの種類によって決まります。そして、一割ほどの植物には、人間と似た糖タンパクを持つものがあることが知られているのです。植物を血液検査すると、Ｏ型やＡＢ型が多いようです。たとえば、ダイコンやキャベツ、ツバキなどはＯ型、バラやスモモ、ソバなどはＡＢ型になります。

根粒菌との共生関係

マメ科植物は、レグヘモグロビンという、人間の血液のヘモグロビンとよく似た物質を持っています。

マメ科植物の根っこを掘ってみると、小さな丸いコブのようなものがたくさんついています。このコブは根粒《こんりゅう》と呼ばれていて、中に根粒菌というバクテリアが棲んでいます。マメ科植物は、この根粒菌の力を借りて、空気中の窒素を取り入れることができるので窒素の少ないやせた土地でも成長することが可能です。

マメ科植物は根粒菌にすみかと栄養分を与えます。そしてその代わりに、根粒菌は空気中の窒素分を固定して植物に与えるのです。このような、マメ科植物と根粒菌との持ちつ持たれつの関係は「共生」と呼ばれています。

マメ科植物の戦略

ただし、マメ科植物と根粒菌が共生するには、問題がありました。

根粒菌が空気中の窒素を固定するには多大なエネルギーを必要とします。そのエ

◆マメ科植物の根粒

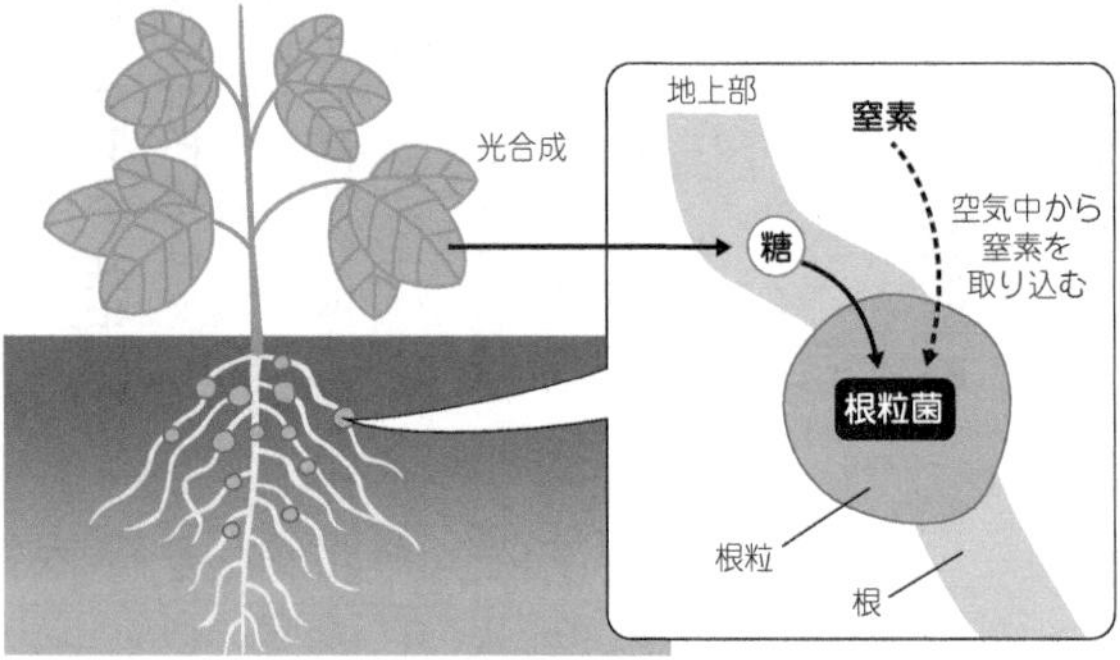

空気中の窒素を固定するマメ科植物の根粒。

ネルギーを生み出すために、根粒菌は酸素呼吸をします。つまり、酸素が必要なのです。ところが、窒素固定に必要な酵素は酸素があると活性を失ってしまいます。

酸素が必要なのに、酸素があると窒素固定ができないのです。そのために、マメ科植物は根粒菌のために酸素を運びますが、酸素が多すぎないようにしなければなりません。この問題を解決するために、マメ科植物は酸素を効率良く運搬するレグヘモグロビンを身につけたのです。

私たち人間の血液中にある赤血球はヘモグロビンを持っていて、肺から体中へ効率良く酸素を運んでいます。そして、マメ科植物が持つこのレグヘモグロビンも、酸素を効率良く運ぶのです。

マメ科植物の新鮮な根粒を切ると、血がにじんだようにうす赤色に染まります。これがマメ科植物の血液、レグヘモグロビンなのです。

桜のジャージは何桜？

ヤマザクラとソメイヨシノ

ラグビーの日本代表のユニフォームは、「桜のジャージ」です。

このサクラは、私たちが見慣れたサクラとは少し違うところがあります。

お花見の満開のサクラを見ると、葉が出る前に花が咲いています。そして、花が咲き終わってから、葉が出てくるのです。ところが、桜のジャージを見ると、花が咲いている枝に、葉っぱが出ています。同じようなサクラは花札《はなふだ》でも見ることができます。花札の桜は、咲き乱れているサクラの花のあちこちに、葉が描かれているのです。

葉が出てから花が咲くのは、古くから日本に自生するヤマザクラの特徴です。これに対して、私たちがふだんお花見で目にするサクラはソメイヨシノです。ソメイ

◆ヤマザクラ

ヨシノは、江戸時代中期の一七五〇年頃に江戸で作られたサクラの品種です。

ソメイヨシノは、葉より先に花が咲き乱れます。そして、空を覆い尽くさんばかりの一面に花が咲くのです。こうして、ソメイヨシノは人気になり、全国に植えられていきました。

しかし、サクラの木は成長するのに時間がかかりそうなのに、どうして短期間でこれほどまでに増やすことができたのでしょうか。

じつは、ソメイヨシノは枝を取ってきて接《つ》ぎ木や挿《さ》し木で増やします。こうすれば、種子で増やすよりも、ずっと早く苗木を育てることができるのです。

また、人間でも親子はまったく同じではな

いように、子どもである種子で増やすと、親のサクラとは、別の特徴を持つ子孫ができてしまいます。しかし、枝を取ってきて作られた苗木は、親のサクラの分身ですので、親とまったく同じ特徴になります。

サクラが一斉に咲く理由

このように元の個体の分身から増やしたものは、「クローン」と呼ばれます。人間のクローンは、ＳＦ映画の中だけの話ですが、植物は簡単にクローンを作ることができるのです。

植物の増え方には、種子で増える種子繁殖と、枝や茎などの分身で増える栄養繁殖という方法があります。栽培植物の場合は、栄養繁殖をすれば、元の個体と同じ性質のものを増やすことができるので好都合です。そのため、サツマイモやジャガイモ、イチゴ、キクなどの栄養繁殖のできる作物や花は、できるだけ栄養繁殖で増やしています。

もともと自生するヤマザクラは、木によって花の咲く時期がまちまちなので、長い間、花を楽しむことができます。ところが、ソメイヨシノは、すべての木が元の木から増やしたクローンなので、同じ時期に咲きます。そして、一斉に咲いて、一斉に散っていくのです。

天気予報では、春の訪れを感じさせる桜前線を紹介します。気温の上昇に従って、南から順番にサクラの花が咲いていくのも、全国のサクラの木が同じ性質を持つクローンだからこそ可能なのです。

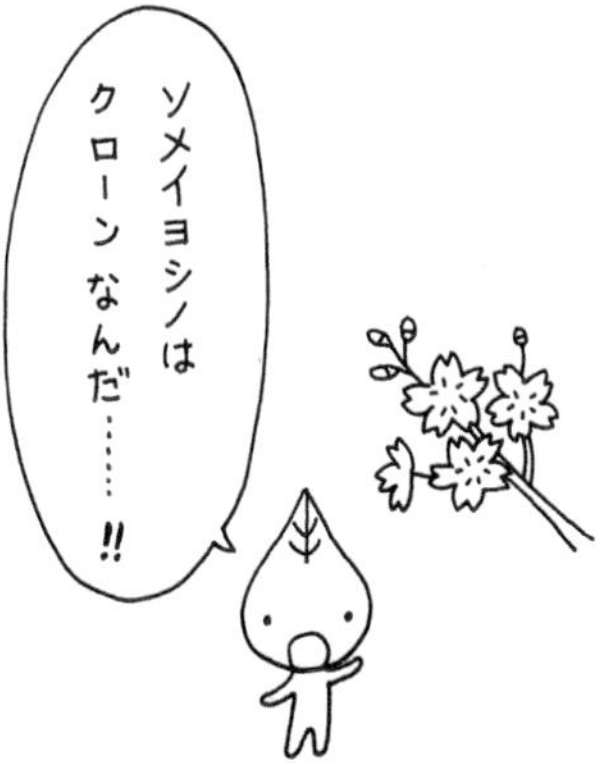

種子のひみつ

お米はイネのミルク

皆さんは、「イネ」という植物を見たことがありますか?

日本の田んぼで栽培されている作物がイネです。

それでは、皆さんはイネの種子を見たことがありますか?

私たちがふだん食べている「お米」がイネの種子です。私たちはイネの種子を食べて生きるためのエネルギーを得ているのです。

もっとも、私たちが食べているお米はイネの種子そのものではありません。実際に精米された白米をまいてみても芽は出てこないのです。

収穫したばかりのイネの種子は、硬い殻で守られています。この殻を取り除き、中の種子を取り出したものが「玄米」です。健康食品として人気の玄米ですが、お

◆米の胚芽と胚乳

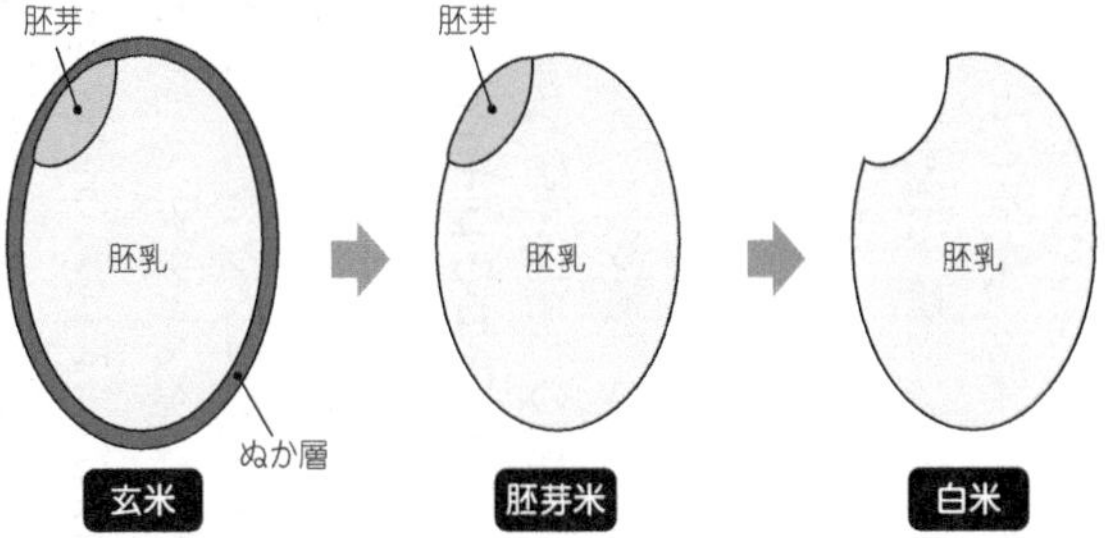

玄米からぬか層と胚芽を取り除くと白米になる。

米屋さんで玄米を買ってきて、浅く水を張った皿に浸《つ》けておくと芽が出てきます。玄米はイネの種子だからです。

玄米には、胚というイネの胚芽になる部分と、胚乳という胚が成長するための栄養になる部分とがあります。胚がイネの芽生えになる赤ちゃんで、胚乳は文字通り赤ちゃんのためのミルクということになるでしょうか。

玄米のまわりには、「ぬか」がついています。そこで、このぬかの部分を削っていき、胚芽を残したものが、「胚芽米」です。そして、さらに削って胚芽の部分も取り除き、胚乳の部分だけを取り出したものが、私たちが食べている白米です。私たちはイネの赤ちゃんのミルクをもらっていたのです。ミルクの部分だけですから、白米をまいても芽は出ないのです。

イネの胚乳の成分は主に炭水化物です。種子は胚乳に蓄《たくわ》えられた炭水化物を酸素呼吸によって分解して発芽のためのエネルギーを生み出しているのです。

これは、私たち人間がごはんを食べて得た炭水化物を酸素呼吸によって分解してエネルギー物質を得ているのとまったく同じです。

ダイズとキュウリの共通点

他にも私たちは植物の種子を食べています。

たとえば、豆も植物の種子です。ここではダイズで考えてみましょう。

スーパーマーケットで乾燥した大豆を買ってきて、水を張った皿に浸けておくと芽が出てきます。ただし、ダイズの種子には、イネの種子にはない工夫があります。

イネの種子は、植物になる胚芽と、芽生えの栄養分になる胚乳から成り立っていました。ところが、ダイズの種子には、胚乳がありません。

胚乳がないのに、どのようにしてダイズの種子は、芽生えの栄養源を得ているの

◆ダイズの発芽

ダイズは子葉の中に栄養分を蓄積している。

でしょうか。

ダイズの発芽のようすを見ると、豆の中から種子と同じくらいの大きさの、厚みのある大きな双葉（子葉）が顔を出します。じつは、ダイズはこの双葉の中に栄養を溜めているのです。

栄養源である胚乳のスペースを確保しようとすると、芽生えになる胚は小さくなってしまいます。そこで、ダイズの種子は葉っぱの中に栄養分を蓄積することによって、芽生えを大きくすることに成功したのです。これは、胴体の輸送スペースを少しでも広げるために、飛行機が燃料タンクを翼に内蔵しているのと似ています。

小さな芽生えが生き抜くのは簡単ではありません。少しでも芽生えを大きくすれば、それだ

◆アズキの双葉は土の中にある

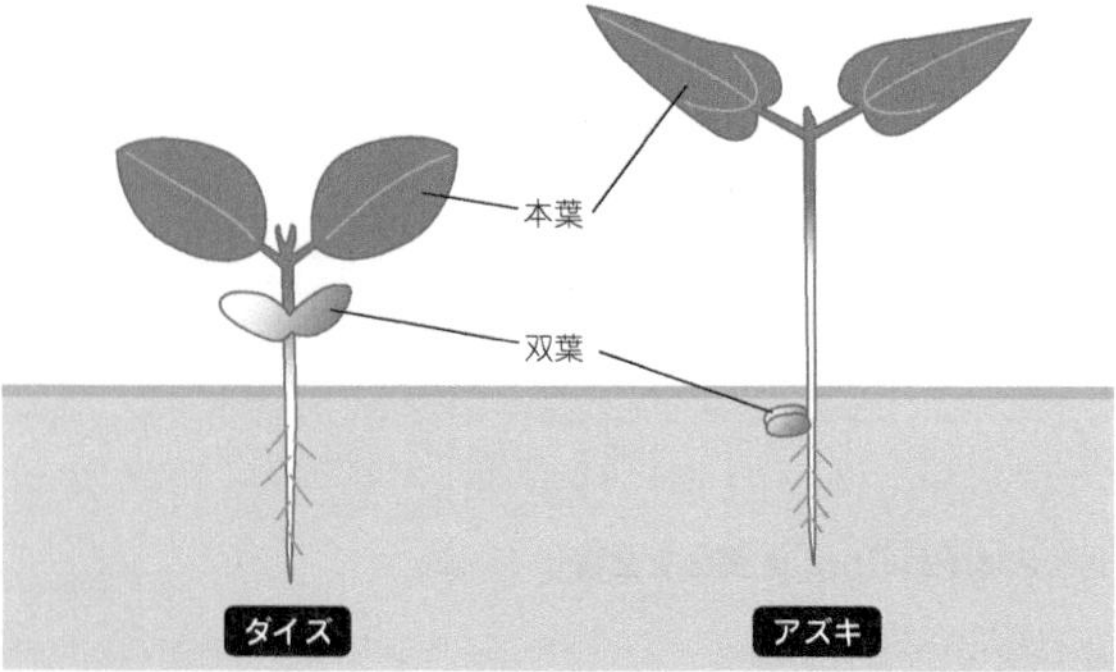

け生き残る可能性が高くなります。そのため、マメ科の植物は胚乳を持たない「無胚乳種子」と呼ばれる種子を作るのです。マメ科と同じように、キュウリやカボチャなどのウリ科の種子も無胚乳種子です。

アズキの芽生え

それでは、小豆《あずき》はどうでしょうか。小豆はアズキという植物の種子です。そのため、スーパーマーケットで買ってきた乾燥した小豆からは芽が出ます。アズキの種子を土にまくと、双葉は地面の下から出てきません。そして、本葉が最初に顔を出すのです。そのため、アズキの芽生えは、まるで双葉がないように見えます。アズキの双葉は土の中にあっ

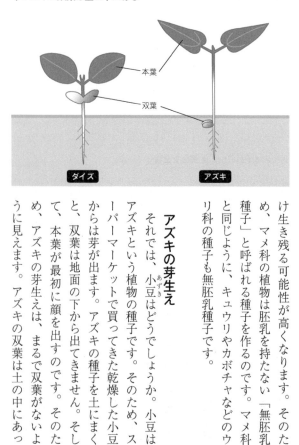

て、地上に出てこないのです。

マメ科の植物にとって、双葉はもはや発芽のためのエネルギータンクに過ぎません。そうだとすれば、何も地面の上に出さなくても、地面の下に置いておけばよいのです。

種子のエネルギー源の違い

イネの種子である米は、炭水化物を主なエネルギー源としています。

一方、ダイズの豆は、炭水化物に加えてタンパク質も持っています。そのため、大豆は「畑のお肉」と呼ばれます。そして、炭水化物が主成分の米と、タンパク質を含む大豆を組み合わせると、私たちの食事は栄養のバランスを取ることができるのです。味噌《みそ》は大豆から作られます。ごはんと味噌汁という日本型食生活の組み合わせは、イネとダイズの種子のエネルギー源の違いによって作られているのです。

ダイズの種子がタンパク質を含むのには理由があります。

一二五頁で紹介したように、マメ科の植物は窒素固定によって、空気中の窒素を取り込むことができます。そのため、窒素分の少ない土でも育つことができるのです。しかし、種子から芽を出すときには、まだ窒素固定をすることができません。そのため、種子の中にあらかじめ、窒素分であるタンパク質を蓄えているのです。また、ダイズは脂質を含みます。ダイズがサラダ油の原料になるのは、そのためです。

他にも食用油の原料を見ると、トウモロコシやヒマワリ、ナタネ、ゴマなどが用いられます。これらの植物の種子は発芽のエネルギー源として脂質を多く含んでいます。

脂質は炭水化物に比べて、二倍以上のエネルギーを生み出すことができます。トウモロコシやヒマワリは芽を出してから短い期間で大きくなります。これは脂質を使うことによって、スタートの芽生えを大きく育てることができるからです。

それでは、ナタネやゴマはどうでしょうか。ナタネやゴマはエネルギー効率の高い脂質を含むことによって、一粒当たりの種子の大きさを小さくしています。種子の大きさを小さくすれば、それだけたくさんの種子をつけることができます。こうして、ナタネやゴマは種子の数を多くしているのです。

脂質は有利？

そう考えると、種子に脂質を含むことは、ずいぶん有利なように思えます。それでは、どうしてすべての植物が脂質をエネルギー源として利用しないのでしょうか。

エネルギーを生み出す脂質を蓄えた種子を作るためには、それだけエネルギーが必要になります。脂質を蓄えようとすれば、それだけ親植物に負担が掛かるのです。

炭水化物、タンパク質、脂質は、それぞれに良い部分と悪い部分とがあります。そのため植物は、置かれた環境に合わせて、炭水化物、タンパク質、脂質という発芽のエネルギーをバランス良く使っているのです。

メンデルの遺伝のはなし

遺伝子には顕性（優性）と潜性（劣性）がある

皆さんは父親に似ていますか？　母親に似ていますか？
目が父親に似ているけれど、口元は母親に似ているというように、どちらかの中間というよりは、部分的にどちらかに似ているということが多いのではないでしょうか。

人間の体細胞は四六本の染色体を持っています。この染色体は、二本で一対になっています。つまり二三対の染色体に生きるための基本的な情報がすべて含まれています。この基本的な染色体のまとまりを「ゲノム」と言います。ゲノムは「遺伝子」（gene）と「すべて」（-ome）を意味する言葉を組み合わせた造語です。

私たちがゲノムを二つ持っているのは、一つを父親から、一つを母親からもらっているからです。そのため、ある遺伝情報に対して働く二つの遺伝子を持っています。そして、そのどちらかが働くことになっているのです。

たとえば血液型を考えてみましょう。血液型にはA型、B型、O型、AB型の四つのタイプがあります。たとえば、父親からO型の遺伝子、母親からもO型の遺伝子をもらうと、OとOとなり、子どももO型になります。また、父親からO型の遺伝子、母親からはA型の遺伝子をもらうと、AとOとなり、子どもはA型となります。AとOを両方持っている場合には、Aの遺伝子の方が働きます。

このとき現れるA型の遺伝子を「顕性（優性）」、現れないO型の遺伝子を「潜性（劣性）」であると表現します。別にA型の方が優れているということではなく、A型の方が優先的に働くという意味です。

このように、どちらかの遺伝子が優先的に働くため、子どもの特徴は、父親と母親のどちらかに似るということが多いのです。

もちろん、遺伝は単純ではありません。背が高いとか、スポーツができるという性質は、一つの遺伝子によって形が決まるだけではなく、たくさんの遺伝子が関係しているからです。

メンデルが発見した遺伝の法則

植物を使ってこの単純な遺伝の法則を発見したのがグレゴール・ヨハン・メンデル（一八二二〜八四）という人です。

メンデルの遺伝の法則は次のとおりです。

エンドウには代々丸い豆をつけるものと、代々しわになる豆をつけるものがあります。丸い豆をつける遺伝子をＡとすると、代々丸い豆をつけるものはＡＡという遺伝子を持っています。一方、しわになる豆をつける遺伝子をａとすると、代々しわになる豆をつけるものはａａという遺伝子を持っています。

丸い豆になるＡと、しわになるａでは丸い豆になるＡの方が顕性（優性）です。このＡＡのエンドウと、ａａのエンドウを掛け合わせると、子どもの代は必ずＡａになります。この場合、Ａが顕性（優性）ですので、得られる種子はすべて丸い豆になるのです。これが「顕性の法則」と呼ばれるものです。

それでは、このＡａのエンドウを自家交配して次の世代の孫の種子を得ることにしましょう。孫の世代はＡａのいずれかの遺伝子を受け継ぎますので、孫の代の組み合わせはＡＡ、Ａａ、ａａの三通りです。そして、ＡＡ、Ａａ、ａａになる割合

◆メンデルの法則

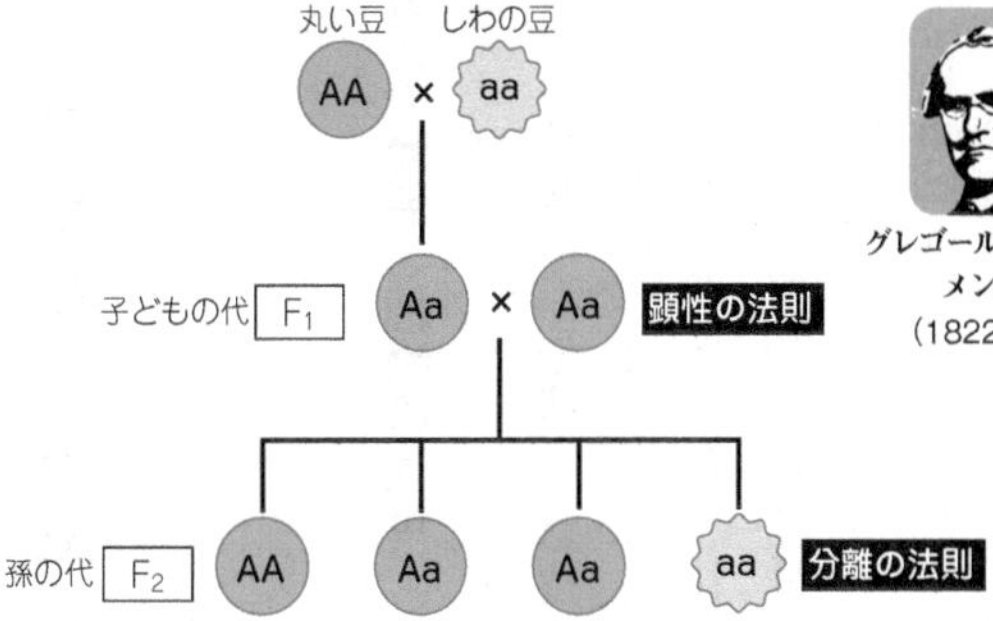

グレゴール・ヨハン・メンデル
(1822〜84)

孫の代(F_2)では丸い豆としわの豆は3：1になる。

は、１：２：１になります。そして、Ａの遺伝子を持つＡＡとＡａは、Ａの性質になりますので丸い豆になり、Ａの遺伝子を持たないａａのみがしわの豆になります。そのため、孫の代では、丸い豆としわの豆が３：１の割合になるのです。これが「分離の法則」と呼ばれるものです。

私たちも両親には似ないで、おじいさんやおばあさんに似ることがありますが、エンドウも、孫の代でしわの豆の性質が再び現れるのが面白いところです。

カラフルなトウモロコシの謎

農業の発展と植物の改良

農業が発展するにつれて、人間はさまざまに植物を改良してきました。

野生の植物が自然界で生き抜くために必要な性質と、栽培植物が人間に利用されやすい性質とは大きく異なります。その一つは「脱粒性《だつりゅうせい》」（一六四頁）です。野生の植物は種子をばらまかなければなりません。しかし、栽培植物は人間が種子を収穫するために、脱粒性がなく種子が落ちない方が良いのです。

他にも特徴があります。

野生植物はばらついている方が有利です。たとえば、一斉に芽を出すと災害があったときに全滅してしまうので、ダラダラと芽を出していました。しかし、栽培植物はそろっていないと困ります。種子をまいたら一斉に芽が出てきてほしいのです。そのため、栽培植物は、「そろえる」という方向で改良が進められています。また、野生の植物は、同じ種類であっても特徴がさまざまです。あるものは寒さに強かったり、あるものは病気に強かったりします。バラバラで多様な集団の方が、どんな環境になっても生き残れる可能性があるのです。しかし栽培植物は、それでは困ります。せっかく品種改良をして良い性質のものを選び出しているのに、実際に栽培してみると生育がバラバラだったり、味にばらつきがあったりすると都合が悪いのです。

野生の植物はバラバラで多様な集団を維持するために他殖を行います。他の個体と花粉を交配することによって、さまざまな性質の子孫を残すことができるのです。しかし、栽培植物がばらついていては困ります。そのため栽培植物は、自分の花粉を自分の雌しべにつけて種子を残す自殖を行うものが多くあります。自分だけで種子を作れば、自分と似たような性質の子孫を残す可能性が高くなるのです。

栽培に都合の良いF_1品種

メンデルが遺伝の法則を発見できたのも、栽培植物であるエンドウが、自殖ができる植物だったからです。

一四二頁で紹介したメンデルの法則では、AAとaaという親を掛け合わせると、すべてがAaになりました。つまりはすべての種子の性質がそろったことになります。これは、作物の栽培にとってはとても都合の良いことです。そのため最近では、AAとaaという組み合わせで掛け合わせた種子を栽培に使うようになりました。AAとaaの親から作りだされた子どもの世代はF_1世代と言いますので、このような種子をF_1品種と言います。ただし、品種と言っても、性質が安定しているわけではありません。一般的な品種であれば、種子を採ってまけば親と同じ性質を持った作物を栽培することができます。しかし、F_1世代の種子をまくと、今度はメンデルの「分離の法則」によってばらついてしまいます。そのため、AAとaaという親を維持しながら、毎年、F_1世代の種子を作りだしていかなければなりません。

黄色と白色のトウモロコシ

トウモロコシには、黄色いトウモロコシと白いトウモロコシを交配させた、黄色

◆バイカラーのトウモロコシ

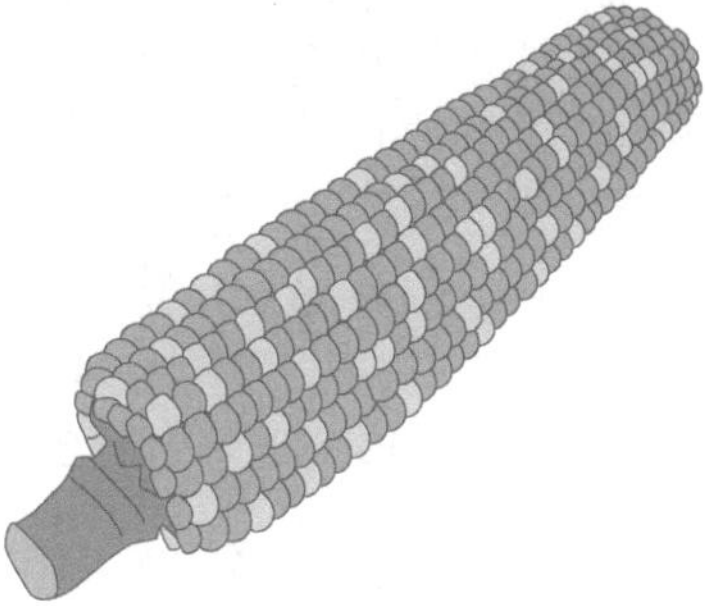

い粒と白い粒が混ざっている「バイカラー」という品種があります。この黄色い粒と白い粒の数は、メンデルの分離の法則に従って3：1になっています。栽培されているトウモロコシはF_1品種です。そのため、その次の世代である種子は分離の法則によって、ばらついてしまうのです。

しかし考えてみると、これは少しおかしいですよね。

F_1品種の次の世代というのは、種子の中にある胚のことです。一三三頁で紹介したように、胚の部分が植物の赤ちゃんで、そのまわりにある種子は胚を守っている母親のお腹のような存在です。

F_1品種の次の世代の特徴というのは、胚が芽生えて初めてわかるはずなのに、どうして母親のお腹のような種子が、黄色や白色というようにばらついてしまうのでしょうか。

奇妙な現象――キセニア

皆さんは、「虹色トウモロコシ」を知っていますか?
虹色トウモロコシは、その名のとおり、一粒一粒のトウモロコシが、色とりどりでカラフルな虹色をしています。まるで美しい宝石や、鮮やかなキャンディを見ているかのようです。虹色トウモロコシは、正しくは「グラスジェムコーン」と言います。

先ほど紹介したように、黄色いトウモロコシと白いトウモロコシを交配すると、黄色と白色の粒のトウモロコシになります。

トウモロコシというと、黄色いイメージがありますが、もともとは、黄色や白色だけでなく、紫色や黒色、緑色、赤色、橙《だいだい》色などさまざまな色があります。虹色トウモロコシは、さまざまな色のトウモロコシを交配して作られたと推察されます。

トウモロコシの起源地であるマヤの伝説では、神々がトウモロコシの粉を練《ね》って人間を創造したそうです。そして、さまざまな色のトウモロコシから作られたので、人間にはさまざまな肌の色を持った人種があると伝えられています。

トウモロコシの粒の色は、花粉が交配した遺伝によって決まります。ところが、前項の最後に問いかけたように、トウモロコシの粒の色が変化することは奇妙です。受精によってできた種子の中の胚は、植物の赤ちゃんですから、母親と父親の遺伝によって形質が決まります。これは、ごく自然なことです。しかし、トウモロコシの粒の色の部分は、胚を包み込んでいる部分です。つまり、人間でいえば母親のお腹のようなものです。粒の色が遺伝の法則で変化するということは、父親の形質が、母親のお腹に現れてしまうようなものです。この奇妙な現象は「キセニア」と呼ばれています。どうして、そんなことが起こるのでしょうか。

植物の複雑な受精

それには、植物の複雑な受精が関係しています。

植物は雌しべの先に花粉がつくことによって種子ができます。花粉がつくことを「受粉」と言います。しかし、それだけでは受精ができません。種子の元となる胚珠は、雌しべの根元の子房の中にあります。そのため、雌しべの先端から、根元まで移動しなければならないのです。

花粉は子房の先端につくと、まるで種子が発芽をするように、花粉も発芽します。そして花粉管と呼ばれる管を伸ばして、雌しべの中を進んでいくのです。そして、花粉管が胚珠の中に到達すると、花粉の中にあった精核《せいかく》は花粉管の中を通って胚珠に移動します。

奇妙なのは、この後です。

人間の精子は一つの核を持っていて、卵子と受精します。ところが、植物の花粉は精核を二つ持っています。このうちの一つは、通常の受精をして赤ちゃんである胚を作ります。そして、もう一つの精核は、別の受精をして赤ちゃんのミルクの部分に当たる胚乳を作るのです。このように植物が二つの受精を行っていることを

「重複受精」と呼びます。

重複受精は、すべての植物で起こりますが、トウモロコシでは胚乳の性質が粒の色というわかりやすい現象として観察できます。

三つのゲノム

それにしても、どうして赤ちゃんのミルクの部分である胚乳の部分は、受精をして作らなければならないのでしょうか。

植物の体は、精核と卵子から一つずつゲノム（一四〇頁）を譲り受けるので、二つのゲノムで一セットになります。このように、二つのゲノムを持つものを二倍体と言います。ところが、胚乳は違います。精核からは同じようにゲノムは一つですが、メスの方には二つのゲノムがあるので、三つのゲノムになります。つまり三倍体になるのです。ゲノムが三つあるということは、二つあるよりも、種子の栄養分となる胚乳をたくさん作ることができます。そのため、植物はこのように複雑な重複受精をするのです。

Part Ⅲ

読み出したらとまらない植物のはなし

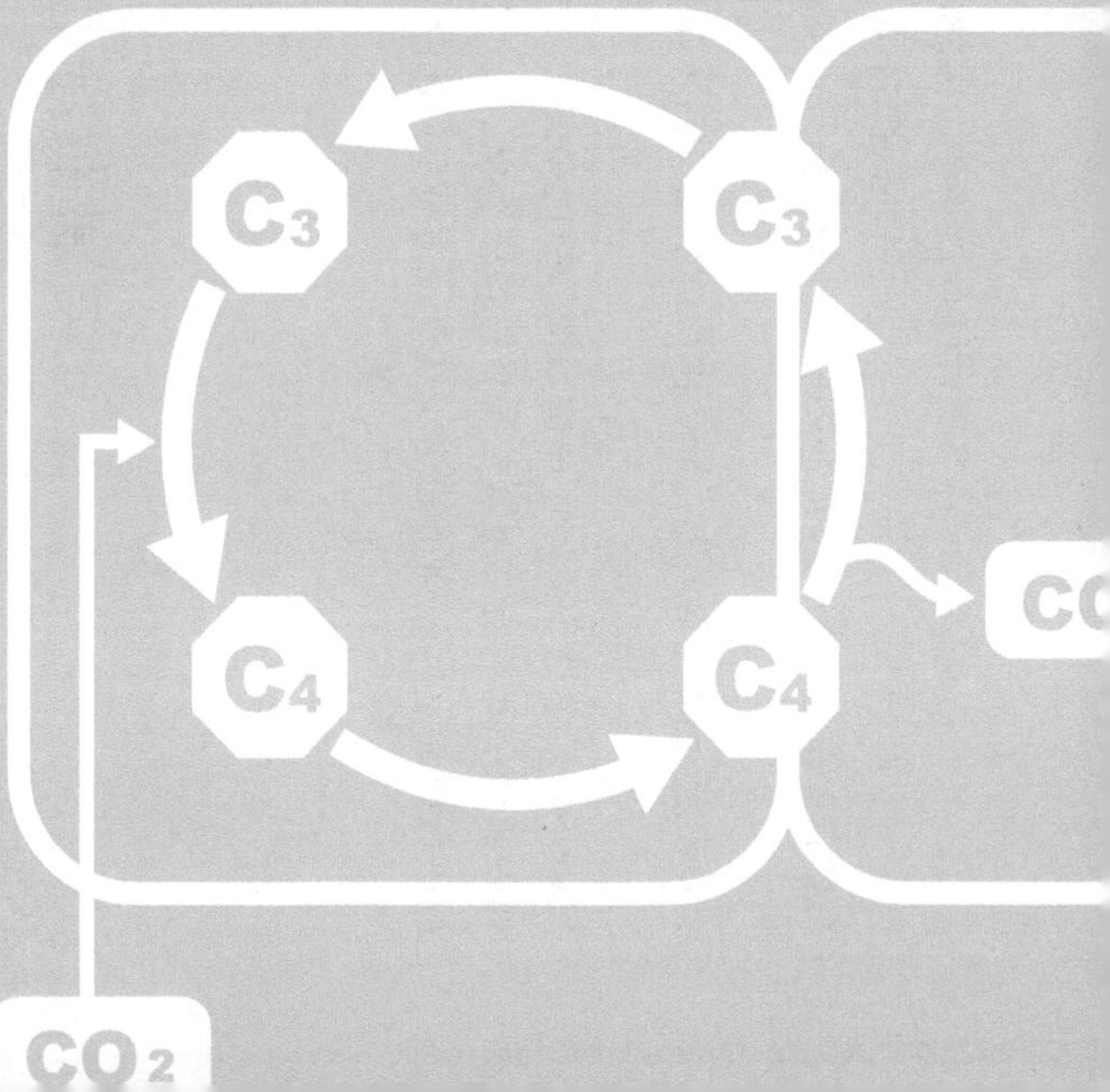

赤ちょうちんは熟した果実⁉

赤色は食欲を刺激する

飲み屋街では赤いちょうちんが並んでいます。中華料理店やラーメン店なども赤い色のお店が多いようです。他にも、ハンバーガーショップやファミリーレストラン、牛丼のお店なども赤色やオレンジ色など赤系統の色をしたものが多いような気がします。どうしてでしょうか。

それには理由があります。じつは人間は赤い色を見ると、副交感神経が刺激されて、食欲が湧いてしまうのです。

そういえば、葉物野菜だけのサラダに赤いトマトを添えたり、お好み焼きに紅ショウガを乗せたりすると美味しそうに見えます。

どうして、人間は赤色を見ると美味しそうだと感じるのでしょうか。

これには植物の進化が関係しています。

植物は鳥に甘くささやく

五一頁でも紹介したように、理科の教科書では、被子植物と裸子植物の違いは「種子の元になる胚珠がむき出しになっているかどうかで区別する」とあります。裸子植物は、胚珠がむき出しになっています。これに対して、被子植物は、大切な胚珠を守るために、胚珠のまわりを子房でくるんだのです。ところが、被子植物はすごい工夫をし、さらなる進化をしました。胚珠を守るために作った子房を発達させて果実を作り、わざと鳥などに食べてもらえるようにしたのです。

動物や鳥が植物の果実を食べると、果実といっしょに種子も食べられます。そして、動物や鳥の消化管を種子が通り抜けて糞《ふん》といっしょに種が排出される頃には、動物や鳥も移動して、種子もいっしょに移動して散布されるということなのです。

ただし、種子が未熟なうちに食べられては大変です。そこで、植物の果実は、未熟なうちは、葉っぱと同じ緑色で目立たないようにしています。また、甘味はなく、むしろ苦味を持っています。こうして食べられないように果実を守っているの

◆鳥による種子の散布

果実を食べた鳥が糞をすることによって種子が移動する。

です。

やがて種子が熟してくると、果実は苦味物質を消去し、糖分を蓄えて甘く美味しくなります。そして、果実の色を緑色から目立つ赤色に変えて食べ頃のサインを出すのです。緑色は「食べないでほしい」、赤色は「食べてほしい」、これが植物たちの、種子を運ばせるためのサインなのです。

植物の果実を食べて種子を運ぶのは、主に鳥です。鳥は植物の赤い果実のサインに寄ってきます。

哺乳動物で唯一赤色を識別したのは？

一方、かつて哺乳《ほにゅう》動物は赤色を見ることができませんでした。

恐竜が闊歩《かっぽ》していた時代、哺乳動物の祖先は恐竜の目を逃れて夜行性の生活を送っていました。夜の闇《やみ》の中で、もっとも見えにくい色は赤色です。そのため、夜行性の哺乳動物は、赤色を識別する能力を失ってしまったのです。

ところが、哺乳動物の中で、唯一、赤色を識別する能力を回復した動物がいます。それが人間の祖先であるサルの仲間なのです。

果実を餌にするために、熟した果実の色を認識することができるようになったのか、あるいは、赤色を見ることができるようになったから、果実を餌にするようになったのかはわかりませんが、こうして私たちの祖先は熟した果実の色を認識して、果実を餌にするようになったのです。

赤ちょうちんの色は、熟した果実の色です。そのため、人間はついつい赤ちょうちんに吸い寄せられてしまうのです。

草原の物語

草原の戦い

植物はさまざまな動物の餌となります。

植物にとって、動物に食べられる脅威にもっともさらされている場所が、おそらく草原です。

深い森であれば、たくさんの草や木が複雑に生い茂り、すべての植物が食べ尽くされるということはありません。しかし、見晴らしの良い草原では、植物は隠れる場所がありませんし、生えている植物の量も限られています。草食動物たちは、少ない植物を競い合うように食べあさるのです。

草原の植物たちは、どのように身を守ればよいのでしょうか。

毒で守るのも一つの方法です。しかし、毒を作るにはそれなりに栄養分を使います。やせた草原で毒成分を生産するのは簡単ではありません。また、毒で身を守っても、動物はそれに対する対抗手段を発達させてきます。

イネ科植物の特徴

草原で食べられる植物として、際立《きわ》った進化を遂げたのが、イネ科植物です。イネ科植物の葉は、ガラスの主成分にもなるようなケイ酸という硬い物質を蓄えています。さらに、イネ科植物は葉の繊維質が多く消化しにくくなっています。こうして、葉を食べられにくくしているのです。

さらに、イネ科植物には、他の植物とは大きく異なる特徴があります。

普通の植物は、茎の先端に成長点があります。そして、新しい細胞を積み上げながら、上へ上へと伸びていくのです。ところが、この成長の過程で茎の先端を食べられると大切な成長点が食べられてしまうことになります。

そこで、イネ科植物は成長点を低くしています。イネ科植物の成長点があるのは、地面の際です。イネ科植物は、茎を伸ばさずに株元に成長点を保ちながら、そこから葉を上へ上へと押し上げるのです。これならば、いくら食べられても、葉っ

◆イネ科植物は成長点を低くしている

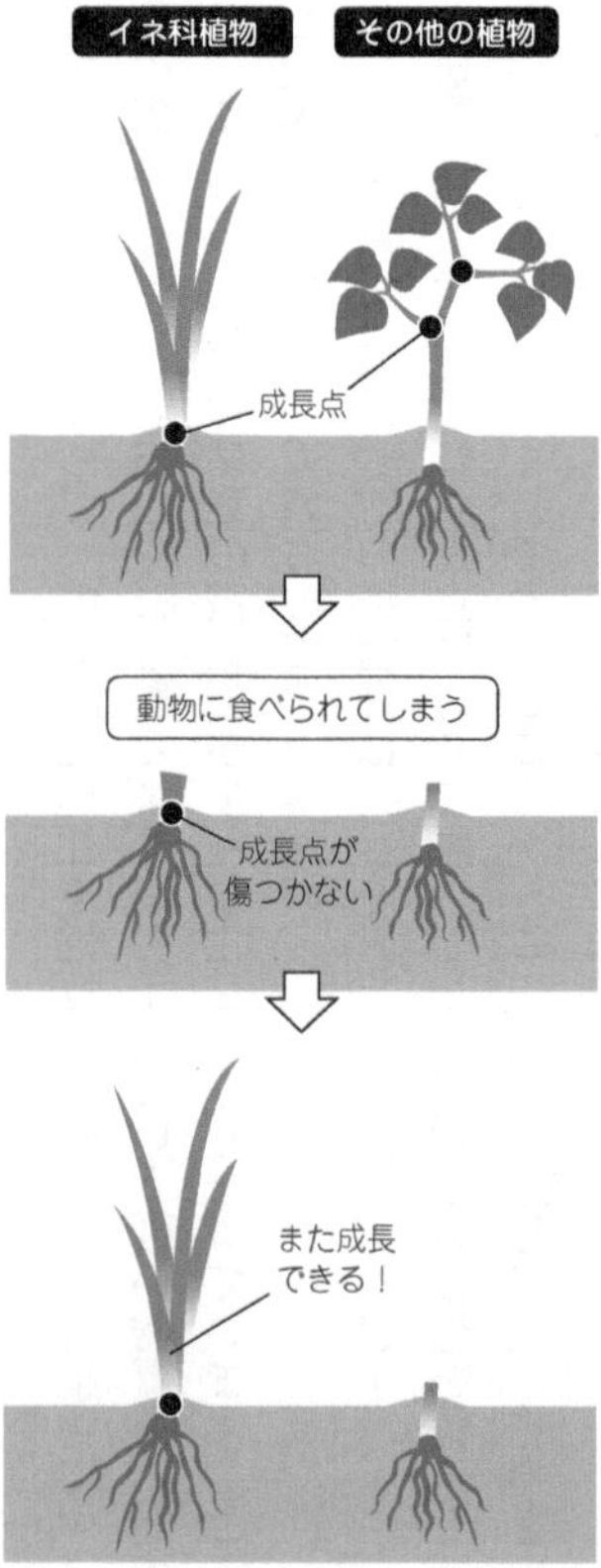

ぱの先端を食べられるだけで、成長点が傷つくことはありません。

ただし、この成長方法には重大な問題があります。

上へ上へと積み上げていく方法であれば、細胞分裂をしながら自由に枝を増やして葉を茂らせることができます。しかし、作り上げた葉を下から上へと押し上げていく方法では、後から葉の数を増やすことができないのです。

そこで、イネ科植物は株元で茎を増やしながら、葉を押し上げる成長点の数を増やしていきます。これが分蘖《ぶんげつ》と呼ばれるものです。

こうして、イネ科植物は地面の際から葉がたくさん出たような株を作るのです。

ウシには胃が四つある!?

さらに、イネ科植物は葉っぱの中のタンパク質を最小限にして、栄養価を少なくし、餌として魅力のないものにします。こうして、イネ科植物は葉が硬く、消化しにくい上に栄養分も少ないという、動物の餌として適さないように進化をしているのです。

しかし、このイネ科植物を食べなければ、草原の動物は生きていくことができません。そのため、草食動物は、イネ科植物を消化吸収するための、さまざまな仕組みを発達させています。たとえば、ウシの仲間は胃を四つ持つようになりました。四つの胃のうち、人間の胃と同じような働きをしているのは、四番目の胃だけです。

一番目の胃は、容積が大きく、食べた草を貯蔵できるようになっています。そして、微生物が働いて、草を分解し栄養分を作りだす発酵槽の役割をしているのです。

まるで人間がダイズを発酵させて栄養価のある味噌や納豆を作ったり、米を発酵させて日本酒を作りだすように、ウシは胃の中で栄養のある発酵食品を作りだしているのです。

二番目の胃では食べ物を食道に押し返します。そしてウシは胃の中の消化物を、もう一度、口の中に戻して咀嚼《そしゃく》する反芻《はんすう》という行動をするのです。ウシが餌を食べた後、寝そべって口をもぐもぐとさせているのは、そのためです。

また、三番目の胃は、葉状胃と言われ、ひだがあります。食べ物の量を調整して、機械的にすりつぶし、まだ大きなかたまりの食べ物は一番目の胃や二番目の胃に戻したり、消化しやすくなったものは、四番目の胃に送ったりしています。こうしてイネ科植物を前処理して葉をやわらかくし、さらに微生物発酵を活用して栄養分を作りだしていくのです。

イネ科植物から栄養を摂ろうとするならば、大量の草を食べて、四つもの胃を使わなければなりません。この発達した内臓を持つために、ウシは容積の大きな体を持つようになったのです。

種子が落ちないムギが歴史を変えた

人類は草原で進化をしたと言われています。

しかし、硬くて栄養価の少ないイネ科の植物の葉は、人類の食糧とはなりませんでした。人類は火を使うことができますが、イネ科植物の葉は、煮ても焼いても食べることができないのです。

しかし、人類はイネ科植物を食糧にすることに成功します。

イネやコムギ、トウモロコシなど、現在、人間が重要な食糧としている穀物は、すべてイネ科植物の種子です。

栽培されているムギ類と野生のムギとを比べた場合、人間にとって、もっとも重要な性質は何でしょうか。

それは種子が落ちないということです。

野生のムギは、子孫を残すために、種子をばらまきます。しかし、栽培されているムギは種子が落ちると収穫することができないのです。

種子が落ちる性質を「脱粒性」と言います。野生の植物にはすべて脱粒性があります。しかし、少ない確率で、種子の落ちない突然変異が起こることがあります。人類は、この突然変異の株を見出しました。

種子が熟しても地面に落ちないと自然界では子孫を残すことができません。そのため、種子が落ちない性質は、致命的な欠陥です。

ところが、人類にとっては、ものすごく価値のある性質です。種子がそのまま残っていれば、収穫して食糧にすることができます。また、その種子をまいて育てれば、種子の落ちない性質のムギを増やしていくことができるのです。

種子の落ちない「非脱粒性」の突然変異の発見。これこそが、人類の農業の始ま

◆世界の文明と主な栽培植物

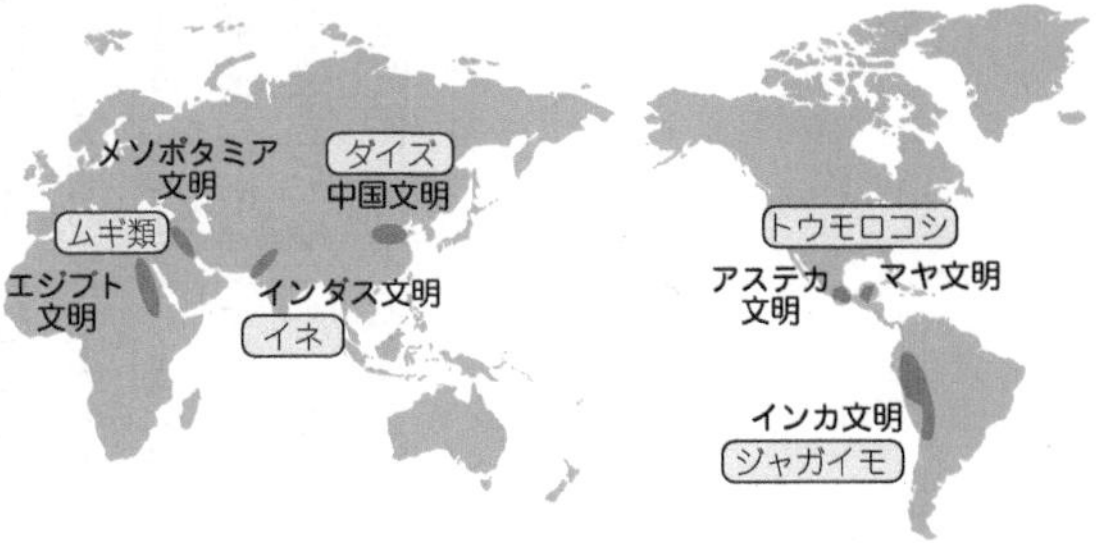

りです。まさにそれは人類の歴史にとって、革命的な出来事でした。

農業と文明

イネ科植物は、葉には栄養がありませんが、種子には豊富な栄養を蓄えています。さらには種子なので、保存も可能です。こうして人類は、イネ科植物を得ることによって、農耕を発達させ、ついには文明を発達させていくのです。

文明の発達にも、植物は無関係ではありません。文明の発祥地には、必ず重要な栽培植物があります。

エジプト文明やメソポタミア文明の発祥地はムギ類の起源地でもあります。インダス文明の発祥地はイネの起源地です。また、中国文明の発祥地はダイズの起源地です。中米のマヤ文明やアステカ文明にはトウモロコシがありますし、南米のインカ文明にはジャガイモがあります。

「栽培植物があったから、文明が発達した」ということと、「文明が発達したから、栽培植物があった」ことの両面があるとは思いますが、人間の文明の発達は、植物と無関係ではなかったのです。

台所の植物学

タマネギを切ると涙が出るのはなぜ？

タマネギを切ると涙が出ます。どうしてでしょうか？

タマネギの細胞の中には、アリインという物質が入っています。このアリインには刺激性はありません。

ところが、タマネギを切ると、細胞が壊れて、細胞の中にあったアリインが細胞の外に出てきます。すると細胞の外にある酵素によって化学反応を起こし、アリシンという刺激物質に変化します。このアリシンが目を刺激するのです。

アリシンには殺菌活性があります。つまり、アリシンは、タマネギが病原菌や害虫に襲われたときに、身を守る物質なのです。

もともと刺激物質を持っていると、タマネギ自身にも悪影響があります。そこで、ふだんは無毒な原料物質を持っていて、病原菌や害虫によって細胞が破壊されたときに、刺激物質を瞬時に作りだす仕組みになっているのです。そのため、細胞を壊さなければ刺激物質は作られません。

使い捨てカイロが、袋を開けると袋の外の空気と反応して、発熱するのと同じようなものです。

涙をこらえながらタマネギを切るのは大変ですが、タマネギを泣かずに切る工夫はあります。タマネギの刺激物質であるアリシンは温度が低いと揮発《きはつ》しにくい特徴があります。そのためタマネギを切る直前に冷蔵庫に入れて冷やしておけば揮発性物質の発生を抑えることができるのです。

また、このアリシンは熱に弱く、加熱すると分解します。そのため、電子レンジで少し加熱してから、タマネギを切るのも一つの方法です。

縦に切るか、横に切るか

ところで、タマネギは、縦切りにする場合と、横切りにする場合とでは、涙の出方が変わります。じつは横切りにした方が、涙が出やすいのです。

◆タマネギの切り方と細胞の壊れ方

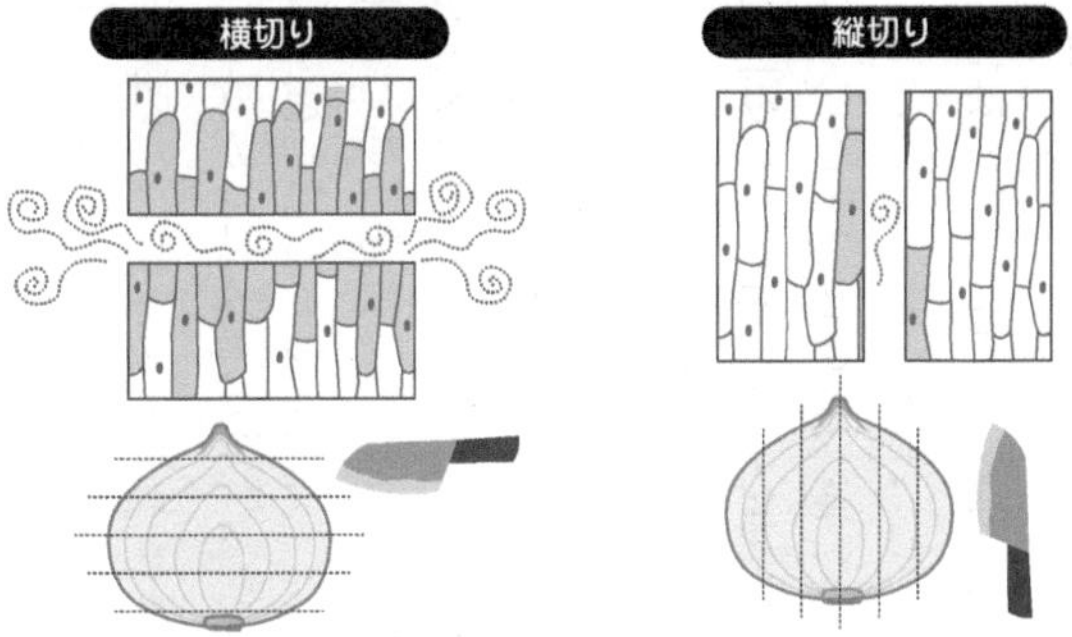

タマネギを横に切ると細胞が切られて刺激物質が出てくる。

植物の構造は、基本的に細胞が縦に積み上げたように並んでいます。こうして縦に積み上げた細胞を束にして、植物は横からの力が加えられても折れにくいようにしているのです。束を並べているので、横には折れにくい代わりに、束どうしは簡単に離れます。野菜や材木などが縦に裂けるのは、細胞が縦方向に束になっているからなのです。

もちろん、タマネギの細胞も同じように縦に並んでいます。そのため、タマネギを縦切りにした場合は、縦に並んだ細胞と細胞とが離れるだけなので、細胞はあまり壊れないことになります。

ところが、横切りにすると、細胞が切ら

れて壊れていくので刺激物質がたくさん出てきてしまうのです。

もっとも、横切りにすると細胞が壊れるので歯ざわりがやわらかくなります。また、横切りにしたタマネギを水にさらすことによって、辛味成分が水に溶け出して、辛味がなくなります。そのため、タマネギをサラダにするときには横切りにする方が適しているのです。

一方、炒め物にするときは、縦に切ります。横に切ると細胞が壊れて細胞内の成分が染み出してしまいます。そのため、縦切りにして、できるだけ細胞を壊さないようにして、嚙んだときに細胞が壊れて味が出るようにした方が美味しくなるのです。

シニグリンとアリルカラシ油？

「ワサビをするときは、笑いながらすれ」と言う人と、「ワサビをするときは、笑うな」と言う人がいます。どちらが本当でしょうか。

これは、好みによって違うかもしれません。つまり、ワサビはすり方によって味が変わるのです。

一般的には、「ワサビをするときは、笑いながらすれ」と言われることが多いようです。先ほど紹介したように、タマネギは細胞の中に辛味物質の原料を持っていて、細胞が壊れることによって、細胞の外の酵素の働きによって辛味物質に変化しました。

ワサビも同じです。

ワサビは細胞の中にシニグリンという物質を含んでいます。そして、細胞が壊れると、シニグリンは細胞の外の酵素と反応して、アリルカラシ油という辛味物質に変化するのです。

ワサビをするときに力を入れてすると、キメが粗くなり、細胞の一つひとつまで壊れません。しかし、力を抜いてていねいにすっていくと、細胞の一つひとつが壊れていきます。そのため、辛味物質がよりたくさん生産されて、辛味のあるすりわさびができるのです。きめの細かい鮫皮《さめがわ》のおろしで、円を描くようにすると良いと言われるのも、それだけ、細胞がたくさん壊れるからです。

大根おろしは、どうでしょうか。

ダイコンとワサビは同じアブラナ科で、同じようにシニグリンから辛味物質のアリルカラシ油が作られます。

ところが、「大根おろしは怒りながらすると辛くなる」と言われます。ダイコンはワサビに比べると硬いので、直線的にすりおろして、タマネギを横に切ったように、細胞を断ち切っていった方が良いのです。

辛いワサビが好きな人へのアドバイス

ところで、ワサビやダイコンは、使う部位によっても、辛さが異なります。ワサビは先端の方が辛味が強く、根元に近い方が辛味が強くありません。そのため、辛いワサビが好きな人は、先端の方を笑いながらていねいにすれば、辛いすりわさびができます。また、辛いのが苦手な人は、根元に近いところを、力強くすりおろせば、辛味がまろやかで、ワサビの風味が楽しめるすりわさびができるのです。

ダイコンもワサビと同じように、先端が辛く、根元の方が辛味が弱いという特徴があります。

カイワレ大根が育つとどうなる？

ダイコンの茎はどこに消えた？

スプラウトとして売られている貝割れ大根（カイワレ大根）は、ダイコンの芽です。

開いた双葉の形が貝に似ていることから「貝割れ」と呼ばれています。この貝割れ大根が育つと、私たちが食べているダイコンになるのです。

貝割れ大根を見ると、双葉の下には、すらっと長く伸びた茎の部分があります。しかし、ダイコンには茎のようなものはありません。

貝割れ大根の茎の部分は、成長するとどこへいってしまうのでしょうか。

貝割れ大根の双葉の下に伸びている茎は、「胚軸《はいじく》」と呼ばれています。

種子の中に植物体が準備されたときに、根と茎と葉が用意されています。この種

◆貝割れ大根とダイコン

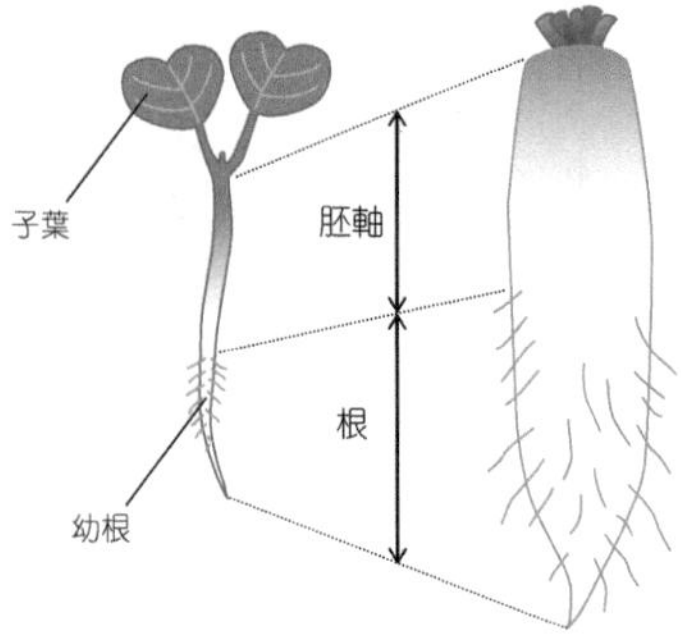

子の中にある根を幼根、茎を胚軸、葉を子葉と呼ぶのです。植物は、この幼根と胚軸、子葉で芽生えを形成し、その後は、自ら養分を吸収したり、光合成を行って、新たな根を伸ばし、茎を伸ばし、葉をつけていきます。

貝割れ大根は、まさに幼根と胚軸と子葉からできています。

ダイコンの成長

この貝割れ大根が成長してダイコンになりますが、じつはダイコンは、根といっしょに、胚軸も太ってできています。

ダイコンをよく見ると、下の方には細かいひげ根がついていたり、根のついていた痕跡の孔があります。この下の部分は根が太ってできたものです。

ところが、ダイコンの上の方は、根の痕跡がなく、つるんとしています。じつは、この上の部分は根ではなく、胚軸が太ってできているのです。

畑で見ると、ダイコンの上の方は土の上にはみ出して生えています。しかし、上の部分はもともと茎ですから、地上に出ていてもおかしくないのです。現在、一般に出回っている青首ダイコンでは、胚軸の部分は緑色を帯びています。

双葉の下に伸びる茎は胚軸と呼ばれ、双葉から上の部分が茎と呼ばれますが、それではダイコンの茎はどこにあるのでしょうか。

ダイコンの茎はほとんど伸びずに、短いまま葉を次々と出していきます。

ダイコンの葉っぱをすべてむしると、最後に残る芯の部分が、ダイコンの茎です。春になればこの茎は、ぐんぐん伸びてつぼみをつけ、花を咲かせます。

辛味の違いは部位の違い

前項ではダイコンの先端と根元とで辛味が違うというお話をしました。これは辛味成分を先端から蓄積していくということもありますが、ダイコンの場合は、先端と根元では、植物としての部位が違うことも関係しています。

胚軸は、根で吸収した水分を地上に送り、地上で作られた糖分などの栄養分を根っこに送る役割をしています。そのため、胚軸の部分は水分が多く、甘いのが特徴です。

ダイコンの胚軸の部分のみずみずしさを生かすならばサラダが最適ですし、甘くてやわらかい特徴を生かすなら、ふろふき大根などの煮物にぴったりです。

一方、ダイコンの先端の部分は、辛いのが特徴です。根っこは、地上で作られた栄養分を蓄積する場所です。しかし、せっかく蓄えた栄養分を虫や動物に食べられてはいけないので、辛味成分で守っているのです。

ダイコンは先端になるほど辛味が増していきます。ダイコンの根元の部分と、先端の部分を比較すると、先端の方が一〇倍も辛味成分が多いのです。そのため、ダイコンの先端の部分は、味噌おでんやぶり大根など、濃い味付けをする料理に向いています。

辛い大根おろしが好きな人にも断然、先端の方が適しています。逆に、辛いのが苦手な人は、根元の部分を使うと辛味の少ない大根おろしを作ることができます。

ちなみにワサビの根っこと呼ばれている食用部分は、根茎《こんけい》と呼ばれる茎です。ワサビの表面にあるクレーターのようなでこぼこは、そこについていた葉が落ちた痕跡です。

どうしてバナナにタネはないのか？

バナナを輪切りしてみると……

バナナにはタネ（種子）がありません。どうしてバナナにはタネがないのでしょうか。もともとバナナには種子がありました。ところが、あるとき突然変異の種子のないバナナができたのです。

一四〇頁で紹介したように、植物の体は、オスの精核とメスの卵子から一つずつゲノムを譲り受けて、二つのゲノムを持っています。これが二倍体です。そして、精核や卵子を作るときには、二つのゲノムを半分に分けます。そして再び受精することによって、二倍体に戻るのです。

ところが種なしのバナナはどういうわけか、ゲノムが三つになってしまいました。つまり、三倍体です。二倍体は二つのゲノムを半分に分けることができます

◆野生のバナナにはタネがある

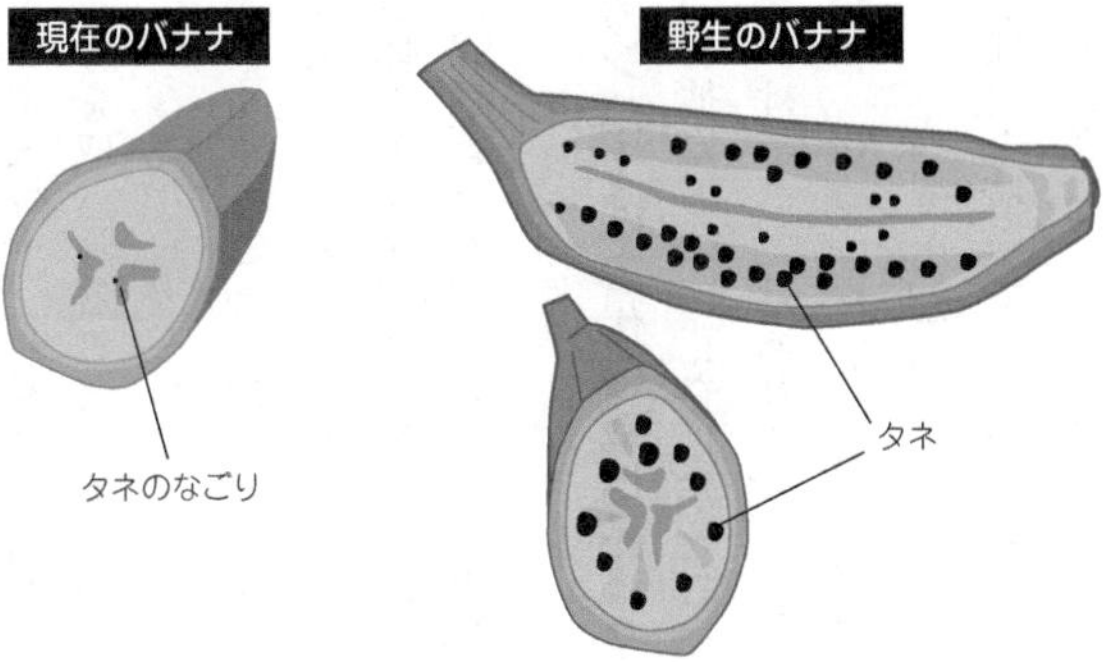

が、三倍体は、三つのゲノムをうまく半分に分けることができません。そのため、種子が正常にできないのです。バナナを食べていると、黒いつぶつぶのようなものがあります。じつはこれが、種子になるはずだったものです。

栽培品種とゲノムの数

種子ができないことは、植物としては欠陥ですが、栽培植物では良いこともあります。たとえば種なしスイカというものがありますが、種なしスイカは三倍体です。食べることだけを考えると、種子がない方が食べやすいのです。

サトイモには、二倍体の品種と三倍体の品

種とがあります。三倍体の品種は種子をつけることができません。そのため、種子に栄養分を取られることなく、その栄養分の分だけ芋が肥大するのです。また、二つのゲノムよりも、三つのゲノムの方がゲノムの数が多いので、その分だけ植物の体が大きくなることが起こります。これも栽培植物にとっては収量が増えたり、花や実が大きくなるので有利です。

三倍体に限らず、栽培植物では、ゲノムの数を多くしているものがあります。たとえば、パンコムギは六倍体ですし、サツマイモも六倍体、イチゴは八倍体です。

ヒガンバナは古代の栽培品種？

秋のお彼岸の頃に花を咲かせるヒガンバナは、三倍体です。そのため、ほとんど種子をつけることはありません。

しかし、ヒガンバナはあちらこちらで花を咲かせています。種子ができないのに、どうやって広がっていったのでしょうか。じつはヒガンバナは、古い時代に人々が球根を植えていったと考えられています。ヒガンバナの球根には毒がありますが、水にさらして毒を抜くと、食糧になります。そのため、各地でヒガンバナが植えられていったと考えられているのです。その後、ヒガンバナは飢饉《ききん》のときの非常食としても各地に植えられ、日本中に広がっていきました。新しい造成地や、線路沿いなどにもヒガンバナが咲いていることがありますが、それも土といっしょに球根が運ばれていったものと考えられています。ヒガンバナが咲いているということは、そこには必ず古人が球根を植えた歴史があるのです。

それにしても、本当にヒガンバナは食糧として植えられていたのでしょうか。

じつはヒガンバナの原産地である中国には、種子をつける二倍体のヒガンバナもあります。二倍体と三倍体のヒガンバナのうち、種子をつけない三倍体のヒガンバナだけが日本に持ち込まれたのです。三倍体のヒガンバナは二倍体のものよりもゲノムの数が多いので、球根が大きくなります。また、種子をつけない分だけ球根も肥大します。そのため、おそらく種子をつけないヒガンバナだけが選ばれて、海を越えて日本に持ち込まれたのです。それはイネが日本にやってくるよりも遠い昔の話です。

ねこじゃらしは高性能植物

道ばたに生えるエノコログサ

皆さんは「ねこじゃらし」という雑草を知っていますか？

ねこじゃらしは、正式名をエノコログサと言います。暑い夏の日、毎日水をあげている花壇の花や畑の野菜が萎《しお》れているのに、道ばたに生えているエノコログサは、誰も水をあげないのに元気に育っています。

じつはエノコログサは特別な光合成の仕組みを持っているのです。それが、C_4回路という高性能な光合成システムです。C_4回路を持つ植物はC_4植物と呼ばれています。

光合成というのは、高度な仕組みです。自動車のエンジンが燃料を燃焼させてエネルギーを生み出すように、植物は光エネルギーを使って水と二酸化炭素を化学反応させて、エネルギー源となる糖分を生産しています。これが、光合成です。

この光合成は、きわめて高度な仕組みです。複雑なエンジンを開発できる人間も、植物と同じしくみの完全な光合成システムの人工的な開発には、未だ成功していません。科学文明を誇る人間も、葉っぱ一枚作りだすことはできないのです。

C_4回路はターボエンジン

さて、一般の植物はC_3回路というシステムで光合成を行っており、C_3植物と呼ばれます。C_4植物もC_3回路で光合成を行っていますが、C_3回路に加えて、C_4回路も持っています。

C_4回路は、自動車のターボエンジンに似ています。

ターボエンジンは、ターボチャージャーで空気を圧縮して、大量の空気をエンジンに送り込んで出力を上げます。光合成のC_4回路は、取り込んだ二酸化炭素を炭素が四つついたリンゴ酸などのC_4の化合物にします。そして、それをC_3回路に送り込むのです。つまり、炭素を圧縮しているのです。そのためC_4植物は、C_3植物よりも高い光合成能力を発揮することができるのです。

このようなC_4植物は、エノコログサ以外にもあります。たとえば、作物では、トウモロコシが代表的なC_4植物です。

ターボエンジンが高速走行でその持ち味を発揮するのと同じように、高性能のC_4光合成は、夏の高温と強い日差しの下でその高いポテンシャルを発揮します。

光合成を行う上で、光は不可欠です。光が強ければ強いほど、光合成量が高まっていきます。しかし、あまりに光が強すぎると、光合成の能力を超えてしまい、光合成量が頭打ちになってしまいます。アクセルをどんなに踏んでもスピードが出ない車のようです。

しかし、C_4植物は違います。C_4植物は光が強くなってもC_4の化合物の炭素を作って、どんどん光合成を行っていくことができるのです。

ねこじゃらしが夏の炎天下でも萎れない理由

さらにC_4植物には、乾燥に強いという特徴があります。

光合成をするためには、気孔を開いて二酸化炭素（CO^2）を取り入れなければなりません。しかし、気孔を開くと水分もそこから逃げ出してしまいます。一方、

◆ C_4 植物は C_3 回路の前に CO_2 を取り込む C_4 回路を持つ

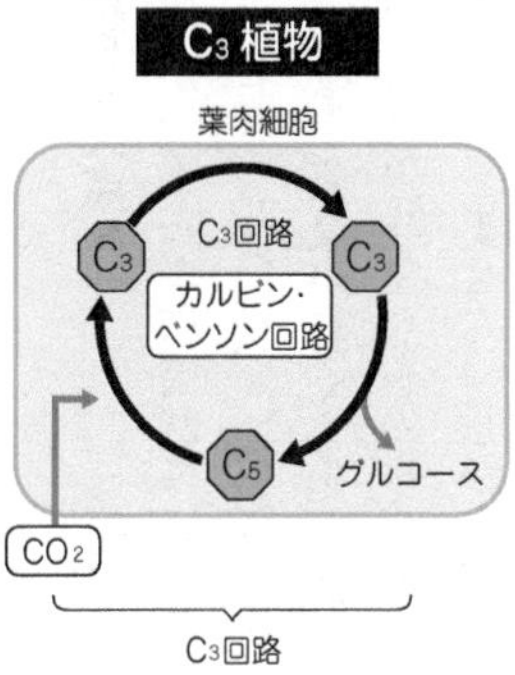

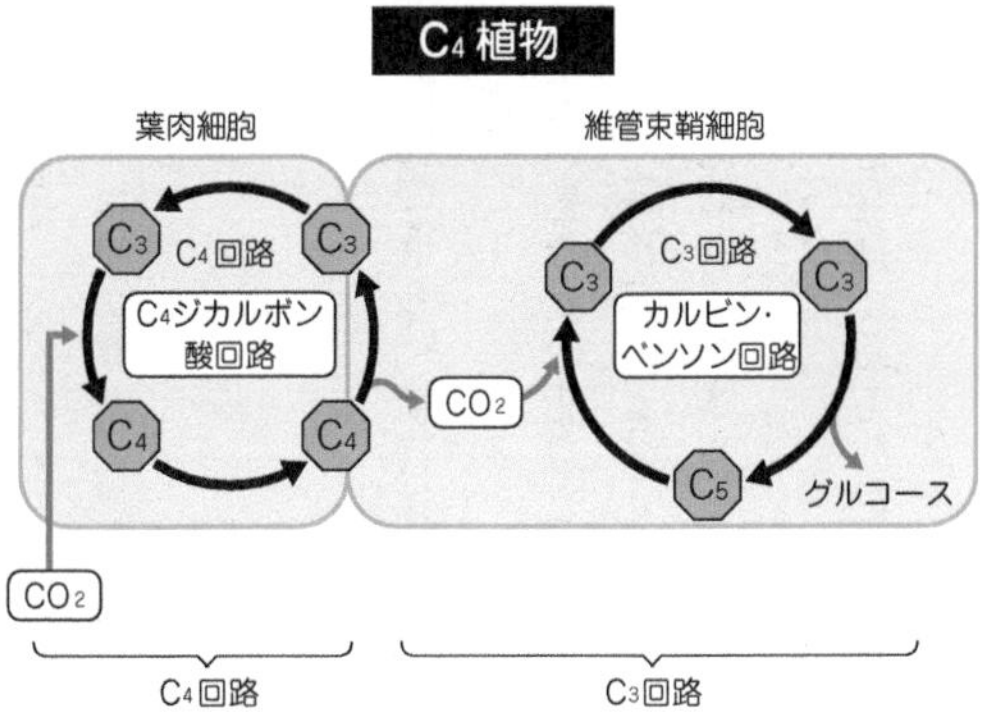

C_4植物は、気孔を開いたときに取り入れた二酸化炭素を濃縮させるので、一度に、たくさんの二酸化炭素を取り入れることができます。そのため、気孔を開く回数を減らすことができるのです。C_4植物であるエノコログサが乾燥した夏の炎天下で萎れることなく元気なのは、そのためなのです。

C_4植物の欠点

ところが、そんなに優れているのに、世界の植物のうちC_4植物はわずか一割しかありません。じつは、C_4植物には欠点があります。

C_4回路は、気温が高く、光が強い条件では、高い光合成の能力を発揮します。しかし、温度が低く、光が弱い条件では、どんなに二酸化炭素を送り込んでも光合成能力が上がりません。しかも、C_4回路を動かすためにはエネルギーが余分に必要ですから、光合成効率がC_3植物よりも劣ってしまうのです。

そのため、C_4植物は熱帯地域で圧倒的な優位性を発揮するものの、温帯地域や寒冷地域では優位性を発揮できないのです。

エンジン全開の高速運転では能力を発揮するスポーツカーも、渋滞のノロノロ運転では燃費が悪いだけなのです。

さらに発展したＣＡＭ植物

さて、サボテンのように乾燥地に暮らす植物は、C_4回路をさらに発展させたシステムを持っています。

自動車のエンジンでは、ツインカムというシステムがあります。エンジン性能にとって重要な部品に吸排気バルブの開閉に関わるＣＡＭ《カム》があります。このＣＡＭを吸気用と排気用に分けて、二本のカムシャフトを装着した高性能エンジンが、ツインカムです。

偶然ですが、サボテンが持つ、乾燥地仕様の光合成システムもＣＡＭと呼ばれています。植物のＣＡＭは「ベンケイソウ型有機酸代謝（Crassulacean Acid Metabolism）」という言葉の略ですから、言葉が同じなのはまったくの偶然です。

C_4植物は、気孔の開閉回数を減らすことができますが、それでも気孔を開くときに、水分が失われてしまいます。

それを改良したのが、ＣＡＭです。

◆ C_4 植物と CAM 植物の光合成システム

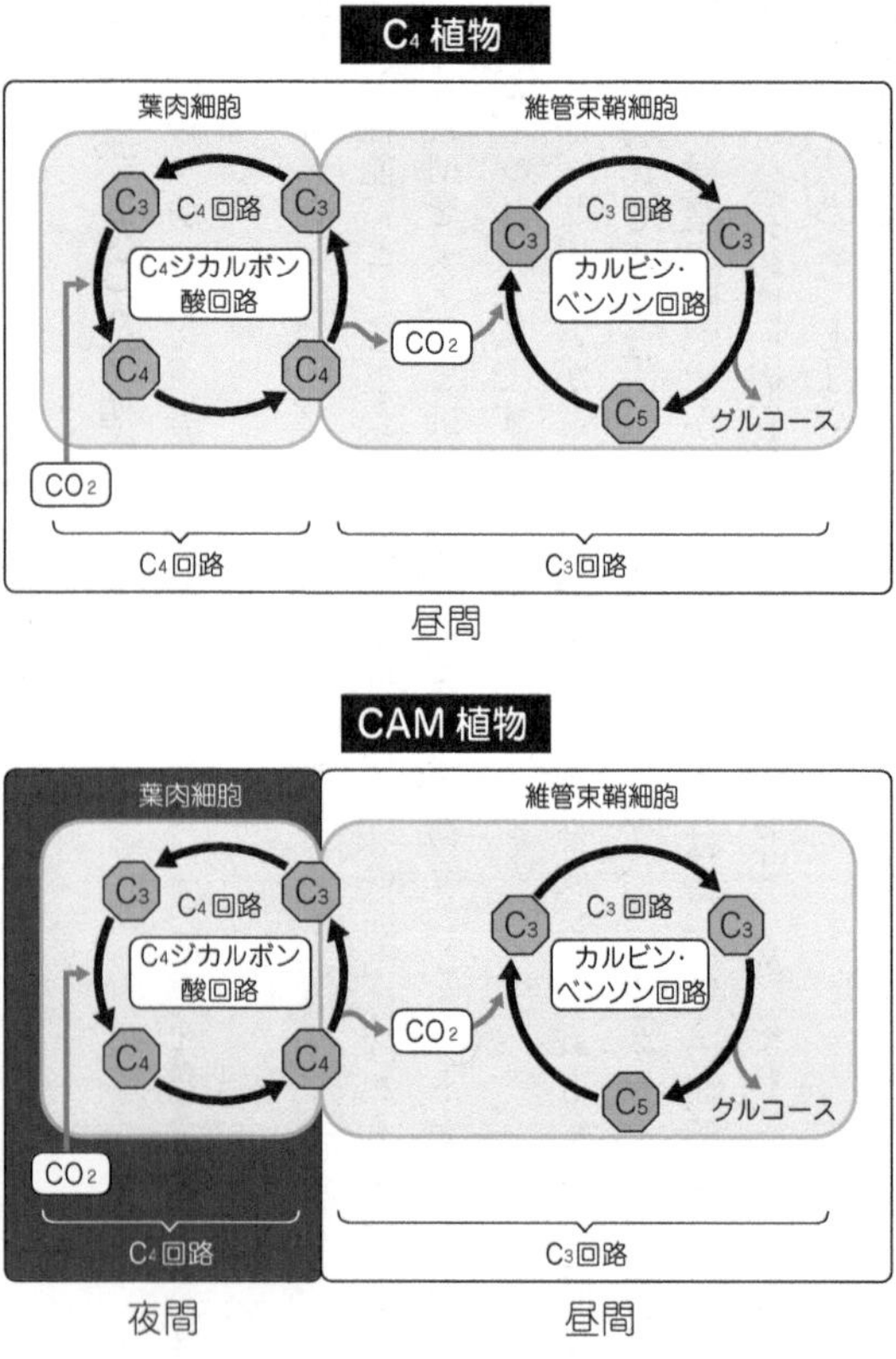

CAM 植物は C_4 回路を気温の低い夜間に働かせる。

光合成は太陽の光がある昼間に行われます。しかし、昼間は気温も高いため、気孔を開くと、水分が蒸散していってしまいます。

ＣＡＭ植物は、C_4植物と同じようにC_4回路とC_3回路を持ちますが、気温が低い夜間に気孔を開きます。そして、昼間は気孔を完全に閉じて、蓄えた二酸化炭素を利用して光合成を行うのです。こうして、昼と夜とでシステムを使い分けることによって水分の蒸発を抑えることに成功したのです。このシステムは、夜の間に夜間電力で水や温水を作って熱エネルギーを蓄え昼間に利用する、深夜電力利用の電気温水器と、よく似たアイデアと言えるかもしれません。

サボテンなど乾燥地の植物は、このＣＡＭという光合成システムによって、乾燥に対する耐性を高めています。サボテンの他にも、ベンケイソウの仲間やパイナップルなどが代表的なＣＡＭ植物です。

泥棒の風呂敷は唐草模様

唐草模様はツタから生まれた

漫画に登場する泥棒は、緑地に白色の唐草模様の大きな風呂敷包みをよく背負っています。

この唐草模様は、じつは古代エジプトに起源を持つと言われる古いものです。その後、エジプトから、ギリシアやペルシア、ローマ、インド、中国、モンゴルなど世界各地に広がり、さまざまな地域で用いられています。日本には、古墳時代の五世紀に大陸から伝わったとされていますから、由緒ある模様です。

唐草模様はツタという植物を図案化した模様です。ツタは伸長が早く生育が旺盛です。茎をどこまでも伸ばしていくこの生命力の強さから、長寿や繁栄のシンボルとされてきたのです。そういえば、縁起物の獅子舞の体も唐草模様です。

◆唐草模様

成長の早さの秘密

ツタはつるで伸びる「つる植物」です。ツタに限らず、つる植物は成長が早いという特徴があります。たとえば、アサガオも、夏休みの間に二階に届くまでに伸びますし、グリーンカーテンとしても用いられるニガウリも、あっという間に、窓を覆い尽くします。

植物は光を浴びないと生きていくことができません。そのためライバルとなる他の植物よりも、早く伸びることが重要になります。成長の早いつる植物は、その点で成功している植物なのです。

つる植物の成長が早いのには、秘密があります。

他の植物や支柱を頼りにしてよじのぼるつる植物は、他の植物のように自分の茎で立たなくてもいいので、茎を頑強にする必要がありません。その分のエネルギーを使って、どんどん茎を伸ばすことができるのです。

さらにつる植物は、水を運ぶ導管や栄養分を運ぶ師管が太いため、効率良く水や栄養分を運搬することができます。導管や師管を太くすると、構造的に弱くなってしまうため、多くの植物は細い導管や師管をたくさん作って、植物繊維で補強しながら成長していきます。ところが、茎の頑強さが必要ないつる植物は太い導管や師管を持つことができるのです。

つる植物が持つさまざまな仕掛け

つる植物は、自分で立たない代わりに、他の植物によじのぼるために、さまざまな仕掛けを持っています。

有名な甲子園の外壁のように、ツタはビルや建物の壁を這《は》い上がっていきます。ツタと呼ばれる植物には大きく二種類あります。唐草模様のモチーフになったツタは、ウコギ科のキヅタと呼ばれる植物です。キヅタは常緑で冬にも青々としてい

◆巻きひげのらせんは反転する

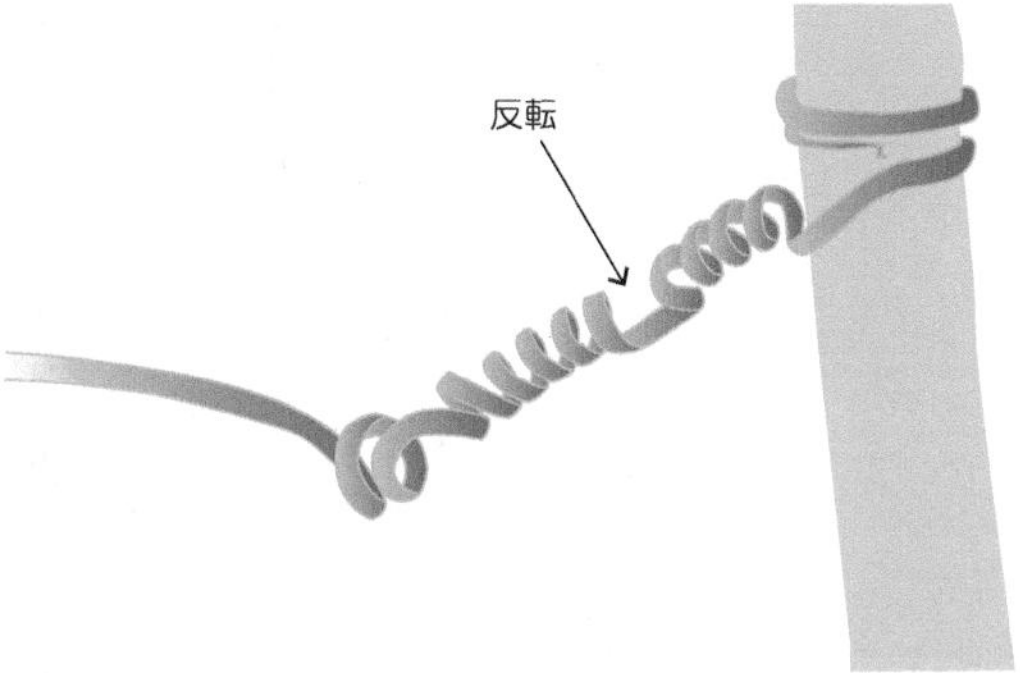

ることから、「冬づた」とも言われています。一方、ブドウ科のツタもあります。こちらは秋になると紅葉し、冬には落葉してしまうので「夏づた」と呼ばれています。

ウコギ科のキヅタは、茎から出る吸着根に吸盤があります。この吸盤から出す粘液で張り付いているのです。また、ブドウ科のツタの巻きひげの先端には吸盤があります。

アサガオなどは茎がつるになっていて、つるを巻き付けながら伸びていきます。また、ニガウリは、葉が変化して巻きひげになっています。

巻きひげは、何かに触れてその先端で巻き付くと、らせん状にねじれて、植物体を引き寄せます。そして、らせん状になった巻きひげが、ばねのように働いて緩《ゆる》やかに植物体を固定するのです。このらせんをよく見ると、途中で向きが反転しています。ひっぱられた場合も、この形であれば、ねじれてちぎれにくくなっているのです。

こうしてつる植物はさまざまな工夫で他の植物をつかまえながら、早い成長を実現させているのです。

巻きひげが
反転してるなんて
知らなかったな

オスの木とメスの木

植物にもオスとメスがある？

キウイフルーツにはメスの木とオスの木とがあります。

メスの木だけ植えても、オスの木がないと受粉ができないので、キウイフルーツの実は生《な》りません。

イチョウにもメスの木とオスの木とがあります。銀杏《ぎんなん》が生るのは、メスの木だけです。そのため、街路樹には銀杏が落ちて道路が汚れないようにオスの木だけが植えられていることがあります。

植物なのに、メスとオスとがあるというのは、奇妙な感じがします。

しかし、考えてみれば動物にはすべてメスとオスとがあります。一つの花の中に雌しべと雄しべがあってメスとオスが同居している方がおかしいのかもしれません。

動物の中にも、一つの体の中にメスとオスが同居しているものがあります。ミミズやカタツムリがそうです。ミミズやカタツムリは、あまり遠くまで動くことができないので、メスとオスとが出会うチャンスは多くありません。そのため、出会った相手が誰であっても、子孫を残せるように、メスとオスとを併《あわ》せ持っているのです。

植物は動けません。ミミズやカタツムリほども動くことができないのです。そのため、植物も一つの花の中に雌しべと雄しべの両方を持っています。

自家受粉のデメリット

同じ花の中に雌しべと雄しべがあるのであれば、自分の花粉を自分の雌しべにつけて種子を作ってしまえば良さそうなものです。しかし実際には、植物は風に飛ばしたり、昆虫を呼び寄せたりして、他の花に花粉を運んで交雑します。

自分の花粉を自分の雌しべにつけて自分だけで種子を作っても、自分と同じような性質の子孫しか作ることができません。もし、ある病気に弱いという弱点があったとすると、自分のすべての子孫にその弱点が受け継がれてしまいます。その病気がまん延すれば、自分の子孫は全滅してしまいます。

自分とは違う性質を持つ他の個体と花粉を交換して交雑すれば、さまざまな特徴を持った子孫を作ることができます。そうすれば、環境が変化したり、どんな病気がまん延しても、全滅することはないのです。

多様な性質の子孫を作る工夫

しかし、一つの花の中に雌しべと雄しべがあると、自分の花粉で受精してしまう危険性があります。そのため植物は、自分の花粉では受精しないような仕組みを持っています。

植物の花は、雄しべよりも雌しべの方が長いものが多くあります。雄しべの方が長いと、雄しべから花粉が落ちてきてしまいます。そのため、雌しべの方を長くしているのです。

また、雄しべと雌しべが熟す時期がずれているものもあります。たとえば、雄しべが先に熟せば、受精能力のない雌しべについても種子はできません。逆に雌しべが先に熟せば、雄しべが花粉を作る頃には、雌しべは受精を終えているのです。

さらには、自分の花粉が雌しべについても、雌しべの先の物質が花粉を攻撃して、花粉が発芽するのを妨げたり、花粉管の伸長を停止させるような仕組みを持っているものもあります。この性質は「自家不和合性」と呼ばれています。

キウイフルーツやイチョウは、このような自殖を防ぐ手間を掛けなくてもいいように、最初から、メスの木とオスの木とを分けているのです。

このように、他の個体と花粉をやり取りすることは、多様な性質の子孫を作ることに有利です。しかし、他の個体に花粉を運ぶためには、たくさんの花粉を作らなければなりません。また、うまく花粉が運ばれなければ、種子を作ることができないかもしれません。そのため、短期的に見ると、自分の花粉を自分の雌しべにつけて種子を作る「自家受精」が有利です。花粉がやってこない人工的な環境に生える雑草や、人間が保護する作物では、自家受精を行うものもあります。

法隆寺の柱は生きている？

柱は呼吸している!?

奈良・斑鳩《いかるが》の法隆寺は、世界最古の木造建築物として知られています。

コンクリートの建物でも百年ももたないというのに、木で造られた建物が千四百年を経ても朽ちることなく、変わらぬ姿を今にとどめているのですから、驚きです。

千年の木は、柱になってもさらに千年、生きると言われています。本当に生きているのでしょうか。

木というのは不思議な存在です。冷たく無味乾燥な幹はまるで生命が感じられませんし、葉を落として枯れ木のように立つ冬の姿は、生きているのか死んでいるのかさえわかりません。それでも、何千年という時を生きる長生きな生き物でもあります。

「生きている」と表現される木の柱は、生き物としては生きているわけではありません。柱は成長したり、生命活動を行っているわけではないのです。

柱が生きていると言われるのは、柱になったあとも反《そ》り返ったり、あたかも呼吸しているかのように空気中の水分を吸収したり排出したりしているためです。もっとも、それは死んだ細胞が水分を吸収したり発散させたりしているだけのことなのです。

法隆寺の柱は心材

木材の中心には、赤みがかっていたり、黒っぽかったり、色が濃くなっている部分があります。これが心材と呼ばれる部分です。心材は硬くて腐りにくいので柱として適していると言われています。

心材は、木が生き延びるために考え出したものです。シロアリやカミキリムシなどは木に穴をあけて食べようと狙っています。また、きのこも木の中に菌糸を張り巡らせて木材を分解してしまおうと狙っています。そのため、外敵から身を守るために、抗菌物質を木材の中央に溜めていくのです。さらにこの抗菌物質には木材を硬くする働きもあり、物理的にも身を守っています。また、抗菌物質を注入することによって、水分や栄養分を通していた導管や師管などをふさいで、水が染み込んで内側から腐るのを防ぐ効果もあります。よく港などで木材が水に浮かべられているようすを見かけますが、木材に水が染み込まないのもそのためです。

この心材を使うことによって、法隆寺の柱は千年以上も腐ることなく、建物を支え続けることができているのです。

木という生き物の不思議

しかし植物は、どうして木全体ではなく、心材だけを防御するのでしょうか。

木は、リグニンという分解されにくい物質が細胞を接着しています。植物のやわらかい茎は、このリグニンによって硬くなり、木となるのです。

リグニンは、「木材」を意味するラテン語から名付けられた物質です。

木材はリグニンによって固められているため、細胞が死んでもそのままの形を維持しています。じつは木の心材の部分の細胞はすでに死んでいるのです。そのた

◆木材の心材と辺材

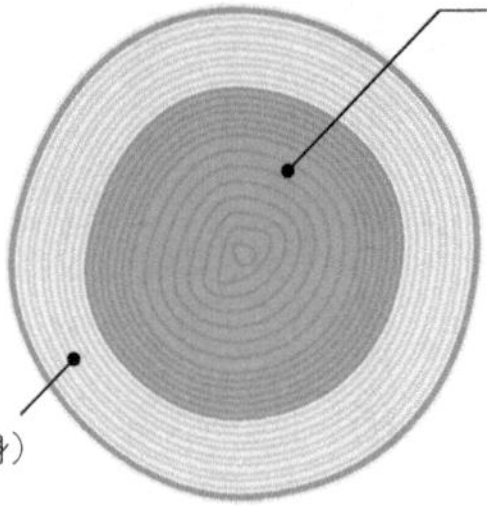

め、導管や師管をふさいでも問題になりません。しかし、心材以外の部分は多くの細胞が死んでいるものの、生きている細胞を含んでいます。そのため、導管や師管をふさぐわけにはいかないのです。

心材の周囲の外側の部分が、生きている細胞を含む部分です。そのため、周辺部から切り出される辺材と呼ばれる部分は、心材よりも色が薄くやわらかいのが特徴です。

木はこうして死んだ細胞で幹を支え、生きた細胞がその屍《しかばね》を乗り越えて成長するような仕組みになっています。ただし、生きている部分が一番外側の部分に露出しているのは無防備なので、硬い樹皮で幹を覆っています。

クマなどの野生動物は木の皮を剝《は》いで食べる

ことがありますが、樹皮の内側は甘皮と呼ばれて、でんぷんやタンパク質を多く含んでいます。この甘皮の部分が生きている細胞の部分なのです。

中心部の心材は死んでいますが、死んでしまった細胞が自ら抗菌物質を溜めたり、導管や師管をふさいだりすることはできません。木材をよく見ると年輪と直交方向に中心から外側へつながる放射組織が通っています。この放射組織があたかも工事用の道路のような役割を果たし、生きている外側の部分から、抗菌物質を中心部に運んで心材を作り上げるのです。

木はこうして、生きている部分と死んでいる部分から作られています。木というのは、本当に不思議な生き物です。

年輪の作られ方

柱の原料になる材木を見ると、断面に年輪が見えます。一〇二頁で紹介したように、双子葉植物には、水分や栄養分を運ぶ「形成層」と呼ばれる組織がありました。この形成層が細胞分裂をして成長することによって幹を太くしていくのです。

春から夏にかけては、形成層は細胞分裂を盛んに行って幹は太く成長します。しかし、秋から冬になると成長は鈍り、ほとんど成長しなくなります。そして春になると再び細胞分裂が盛んになり、幹が太くなるのです。こうして旺盛な成長と成長の停滞とを繰り返すのです。

この秋から冬の成長の鈍い部分が線のようになって年輪が作られます。そして一年に一つずつ年輪が形成されていくのです。木材の年輪を数えると、その木の樹齢がわかるのはそのためです。

柾目と板目の特徴

形成層には水分を運ぶ導管や栄養分を運ぶ師管が縦方向に通っています。そのため、横からの力には強いものの、縦方向の力が加わると裂けてしまいます。なたでまき割りをするときに、まきを縦に置くと簡単に裂けます。これが横に置くと、なたでは切れません。また、のこぎりも、繊維を裂いて切る縦引きと、繊維を切断して切る横引きとがあるのは、木材の繊維が縦方向に並んでいるからなのです。

木の板には、年輪と垂直に切り取り、年輪の模様が平行に現れる「柾目《まさめ》」と、年

◆柾目と板目

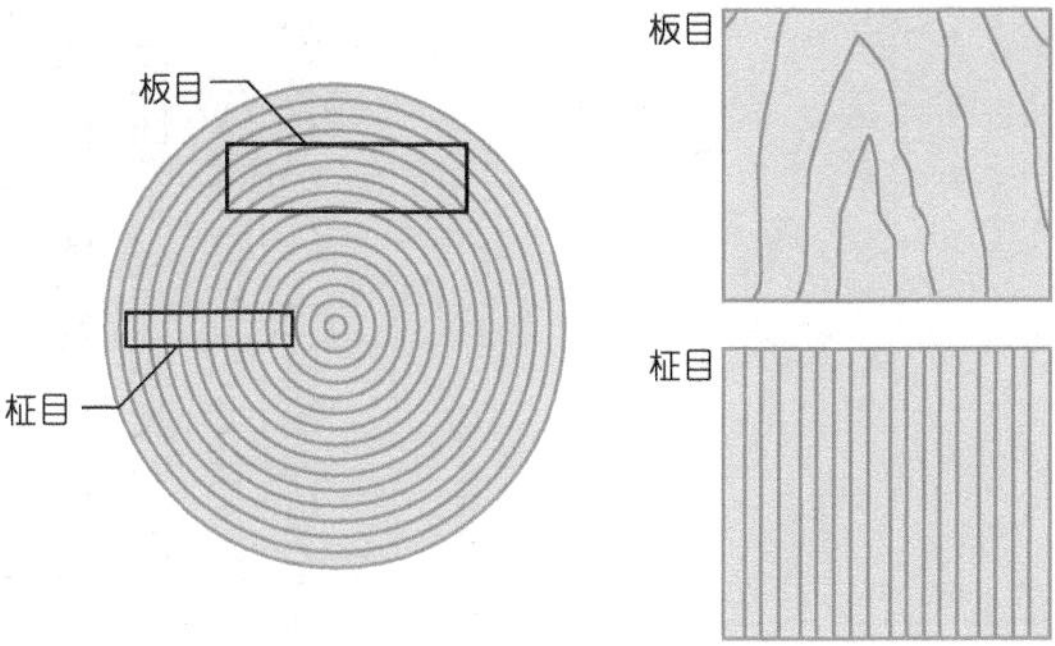

輪に対して水平に切り取り、不規則な面が現れる「板目」とがあります。

板として高級なのは柾目です。柾目は均等に木目が並んでいるので、反りにくいのです。一方の板目は年輪に沿って切り出されているため、幹の外側にあたる表側と幹の中心側の裏側とができてしまいます。表側は水分が多いのに対して、裏側は水分が少ないために、乾燥すると表側が収縮して反ってしまうのです。

しかし、反りやすい板目は、曲げやすいということになります。さらに秋から冬にかけて作られた年輪の部分は水を通しにくいため、年輪に沿って切られた板目は水を吸収しにくいのです。そのため板目は、樽や風呂桶、舟などを作るのに都合がいいのです。

逆に、柾目は年輪以外の部分を水が通過してしまいますが、これは水分を吸収し、通気性や吸湿性が良いという長所にもなります。そのため、柾目は米びつや化粧箱、かまぼこ板として使われるのです。このように昔の人は、上手に両者の長所を生かしながら、二種類の板を使い分けていたのです。

暮らしを支える植物繊維

役に立つ植物繊維

「カミに見放された者は、自らの手でウンをつかめ」

誰が書いたのかトイレの中に、こんな落書きが書かれていました。「神」と「紙」を掛けたシャレなのです。あわててトイレットペーパーを確認したら、幸い私はカミに見放されてはいませんでした。

私たちの暮らしに紙は欠かせません。もし、紙がなかったら、どうでしょうか。紙がいらないペーパーレスの時代とは言われますが、私たちのまわりは紙であふれています。もし紙がなかったら、本もノートもできません。仕事に使う資料もなくなってしまいます。それどころか、お札のお金さえありません。

紙の原料となるのが、植物繊維です。

植物繊維はとても丈夫なので、人々は古くから植物から繊維を取り出して利用してきました。植物繊維をよじると縄《なわ》を作ることができます。また、縦と横に規則正しく編み込むと織物を作ることができます。一方、この繊維をバラバラにときほぐし、すきとって繊維をからみつかせたのが紙です。紙を破いて、裂けた断面をよく見ると、破れたところが毛羽立って見えます。これが植物繊維です。

植物と動物の細胞の違い

植物の細胞と動物の細胞は、基本構造は同じですが、この二つを比べたときに、もっとも大きな違いは、植物の細胞には細胞壁があるということです。細胞壁は、セルロースから作られています。

セルロースは植物が生産するブドウ糖をつなげて作られます。同じようにブドウ糖がつながった物質にでんぷんがありますが、でんぷんと比べると、セルロースは強靭《きょうじん》なつくりをしています。セルロースはグリコシド結合という安定した結合でしっかりとブドウ糖どうしがつながれているので、簡単には壊れないのです。

地球に恐竜が誕生するはるか大昔、水中に暮らしていた藻《も》のような植物が地上に進出するためには、体を支えるための物質が必要でした。そして、糖を材料としてセルロースを作りだすことによって、地上へ進出していったのです。

植物繊維はなぜ体にいいのか？

セルロースは強靭なので、哺乳動物は植物繊維を食べても分解することができません。そのため、一六一頁で紹介したように、草を餌にする草食動物は、ウシのように消化器官の中にセルロースを発酵分解することのできる微生物を共生させています。

残念ながら、人間はウシやウマのようにセルロースを体内で分解して利用することができません。しかし、植物が持つ繊維は人間の健康にも良いと言われています。これはどうしてなのでしょうか。

人間が植物繊維を食べると、それを餌とする乳酸菌やビフィズス菌などの腸内の善玉菌が増加し、腸の調子を整えます。また、植物繊維が有害物質を吸着したり、便の量を増やして腸を刺激することによって便通を良くして、腸の中を掃除する役割もあります。そのため、植物繊維にほとんど栄養はなくても、体の調子を整えるのです。

そして、便通のすっきりした後も、人間は植物のセルロースで作った紙のお世話になっているのです。もし、植物がなかったら、紙どころかお尻を拭く葉っぱや縄さえないのです。

紙を大切にしないと、人類は遠くない未来にカミに見放されてしまうのかもしれない——。トイレの落書きはそう警告しているのかもしれません。

植物の惑星——地球

地球に生命が誕生してから三十八億年の歴史

ＳＦ映画に登場する近未来。

豊かな大地は放射能で汚染され、多くの生物は滅亡の危機にさらされます。しかし、放射能を餌にする化け物のような生物たちがやがて進化を遂げるのです。

これはけっして映画の中だけの話ではありません。じつは、これこそが、地球の歴史と生物の進化の物語なのです。

地球に生命が誕生したのは、三十八億年前のことです。

あるとき、恐るべき進化を遂げた生物が現れます。それが植物の祖先である植物プランクトンです。葉緑体を持つ植物プランクトンは、光合成を行い、二酸化炭素と水からエネルギー源を作りだすのです。

ところが、光合成を行うとどうしても廃棄物が出てしまいます。それが、酸素です。酸素は生き物にとって必要な命の源ですが、もともとは、あらゆるものをさびつかせてしまう毒性物質です。

ところが、酸素の毒で死滅しないばかりか、酸素を体内に取り込んで生命活動を行う生物が進化を遂げました。それが私たち動物の祖先となる動物プランクトンです。酸素は毒性がある代わりに、爆発的なエネルギーを生み出す力があります。そのため、酸素を手に入れた動物プランクトンは、強力なエネルギーを利用して、活発に動き回ることができるようになりました。そして豊富な酸素から作られるコラーゲンによって、体を巨大化することができるようになったのです。まさにSF映画で、放射能のエネルギーで巨大化した怪獣さながらです。

植物が地球環境を変えた

それだけではありません。光合成によって大気中に放出された大量の酸素は、地球環境を大きく変貌させました。酸素は紫外線に当たるとオゾンという物質に変化します。こうして酸素は、大量のオゾンとなり、やがてオゾン層を形成したのです。このオゾン層は有害な紫外線を吸収し、地上に降り注いでいた有害な紫外線を遮《さえぎ》る役割を果たしました。すると海の中にいた植物は、やがて地上へと進出を果たすようになったのです。結果的に植物は、自分の都合の良いように地球環境を大きく改変してしまったのです。

地球で繁栄していた嫌気性《けんきせい》の微生物の多くは、酸素のために死滅してしまったことでしょう。そして、わずかに生き残った微生物たちもまた地中や深海など酸素のない環境に身を潜めて、ひっそりと生きるより他はなかったのです。

もし宇宙人が人類を観測したら……

やがて、時代は流れ、人類が現れました。

人類は文明を作り上げ、石炭や石油などの化石燃料を燃やして大気中の酸素を消費し、二酸化炭素の濃度を上昇させています。そして人類が放出したフロンガスは、オゾン層を破壊し、遮られていた紫外線は再び、地表に降り注ぎつつあるのです。

まるで人類は、植物が改変してくれた緑の地球を、生命誕生以前の惑星に戻そうとしているかのようです。それだけでなく、植物が群がった森林を破壊し、不毛の砂漠を広げています。植物が作りだす酸素の供給を断とうとしているのです。

もし、宇宙人が地球を観測しているとしたら、人類のことをどう思うでしょうか。自分たちが生きられないような古代の地球環境を取り戻そうとするけなげな存在だと思うでしょうか。

それとも、自分たちが生まれた緑の惑星を破壊する愚か者だと思うでしょうか。

おわりに

「生物学」は暗記科目という印象があるかもしれません。とりわけ「生物学」の中でも、「植物学」は無味乾燥で、面白みにかける印象があるかもしれません。

しかし、本当にそうでしょうか。

植物は生きています。その生命力は、私たちが思っているよりも、ずっと不思議で謎に満ちています。そして、植物の生き方は、私たちが思っているよりも、ずっとダイナミックでドラマチックです。もし、この本が、皆さんが植物の魅力に出会うきっかけとなれば、こんなにうれしいことはありません。

「植物学」を学んでも、生きていく上で、何の役にも立たない――。そう思う人もいるかもしれません。確かに、植物学が、実際のビジネスや社会生活の役に立つことは少ないでしょう。

しかし、昔から人々は植物をさまざまな用途で暮らしに利用してきました。私たちが食べる野菜や果物はすべて植物です。柱や板にする木材も植物です。衣服にする麻や綿も植物です。昔は食べ物や着るもの、住居、道具、肥料、薬、燃料など、ありとあらゆるものを植物から作りました。化学製品や石油製品でさまざまなものを作る現代からすると、植物に頼っていた昔は古臭いもののように思うかもしれませんが、そうではありません。

化学製品や石油製品は使い終わればゴミになります。一方、植物から作られたものは使い終われば土に還ります。そして、植物は太陽の光で大きく育っていきます。植物は、いわば太陽エネルギーから作られる再生可能な資源です。昔の人たちは植物の特徴を知り尽くし、植物を最大限に利用してきました。まさに偉大な植物学者と言ってよいでしょう。植物学を学ぶことは、さまざまな環境問題に直面した未来を生きる私たちに、多くの知恵を与えてくれるのです。

それだけではありません。人間にとって植物というのは不思議な存在です。

美しいチョウチョウを見ても、中には気持ち悪いという人もいますし、また、可愛い子犬を見ても怖がる人もいます。しかし、植物の花が嫌いだという人は、あまりいないのではないでしょうか。

人は、花を見ると美しいと感じます。

植物がきれいな花を咲かせるのは、昆虫を呼び寄せて花粉を運ばせるためです。けっして、人間のために花を咲かせるわけではありません。昆虫にとって花は、蜜や花粉が餌になりますから、昆虫が花を好むのは当たり前です。しかし、人間の生存にとって、花はどうしても必要なものではありません。人間が花を愛することには、何の合理的な意味もないのです。

それでも、人は花を愛し、花を見ると癒やされます。本当に不思議です。

それだけではありません。私たちは、植物から「生きる力」を感じ取り、「生き方」を学ぶことさえできます。

二〇一一年三月。日本は未曾有《みぞう》の災害に襲われました。東日本大震災です。

津波をかぶったサクラの木も、季節になれば美しい花を咲かせました。泥やがれきをかぶったカーネーションが、泥の中から芽吹いて花を咲かせました。その植物の生命力は、どれほど人々を勇気づけたことでしょう。

被災地では、多くの方々が花の種をまきました。人々がまいた種は、やがて芽吹いて大地を緑で覆いました。その花の明るさに、人々は復興の希望を見たのです。

植物は、人々を勇気づけようと花を咲かせているわけではありません。しかし、人はそんな植物の生きる姿に、ときに癒やされ、ときに勇気づけられるのです。

植物も不思議で偉大な存在ですが、植物を愛する人間という生き物もまた、不思議ですばらしい存在なのです。

ＰＨＰエディターズ・グループの田畑博文さんには、本書を企画いただくとともに、出版にあたりお世話になりました。お礼申し上げます。

二〇一六年三月

稲垣栄洋

文庫版おわりに

『面白くて眠れなくなる植物学』の著者である私は、とにかくよく眠ります。

植物はどうでしょう。

植物が眠っているのかどうかは、わかりませんが、葉を閉じたり、花を閉じたりして、いかにも眠っているように見えます。どうやら、植物にとっても、夜という時間は大切なようです。

植物は、太陽の光が当たる昼間は、光合成をして忙しそうにしています。そして、夜になると光合成で作った栄養分を移動させたり、調子を整えたりしているのです。

季節を感じて花を咲かせる植物は、夜の時間を感じて花を咲かせます。暗闇の中で、植物は次の朝のために準備をしているのです。

多くの植物は、冬の間も眠っているように見えます。しかし、小さな野の草たちは、霜《しも》に当たりながらも葉を広げて光合成をしています。葉を落とした木々たちは、冬芽の中に次の季節の花を準備しています。土の中では種子や球根が新しい芽を準備しています。

暗い夜の後には必ず朝が来て、寒い冬の後には必ず春が来ます。

植物はそのことを知っています。そして、一日の移り変わりや、季節の移り変わりの中で、変わらず花を咲かせてきたのです。

そして木々たちは、冬の寒い時期に年輪を刻みます。

この本は単行本が出てから、およそ五年が経ちました。木々たちは、新たな五つの年輪を刻んだことになります。

しかし、木々たちにとっては、ただ、それだけのことです。植物たちの営みは変わりません。光が当たれば、当たり前のように葉を広げ、夜になれば、次の朝のための準備をします。春になれば、芽を出し、花を咲かせ、冬になれば次の春の準備をします。当たり前のようにそれを繰り返しています。植物は本当にすごいなぁと感心させられます。

振り返って、人間はどうでしょう。

人間の世界では色々なことが起こります。そのたびに、人間たちは右往左往してみたり、悩み苦しんだりします。そして、自分の不運を嘆いてみたり、愚痴をこぼしてみたり、その挙げ句に、生きることに疲れたなどと言ってみたりもしてしまうのです。

黙って花を咲かせている植物にとっては、まったく想像もできない生き方なことでしょう。そして、私たち人間のことを「面白くて眠れなくなる存在だ」とほほえましく見ているのかもしれません。

文庫版の発刊にあたりご尽力いただいたＰＨＰ研究所の前原真由美さん、葛西由香さんに厚くお礼申し上げます。

二〇二一年一月

稲垣栄洋

著者紹介
稲垣栄洋（いながき　ひでひろ）
1968年静岡県生まれ。静岡大学農学部教授。農学博士、植物学者。農林水産省、静岡県農林技術研究所等を経て、現職。主な著書に『散歩が楽しくなる雑草手帳』（東京書籍）、『弱者の戦略』（新潮選書）、『植物はなぜ動かないのか』『はずれ者が進化をつくる』（以上、ちくまプリマー新書）、『生き物の死にざま』（草思社）、『生き物が大人になるまで』（大和書房）、『38億年の生命史に学ぶ生存戦略』（ＰＨＰエディターズ・グループ）など多数。

この作品は、2016年５月にＰＨＰエディターズ・グループより刊行されたものを、加筆・修正したものである。

ＰＨＰ文庫　面白くて眠れなくなる植物学

2021年２月16日　第１版第１刷
2024年12月26日　第１版第12刷

著　者　　稲　垣　栄　洋
発行者　　永　田　貴　之
発行所　　株式会社ＰＨＰ研究所
東京本部　〒135-8137　江東区豊洲5-6-52
ビジネス・教養出版部　☎03-3520-9617(編集)
普及部　☎03-3520-9630(販売)
京都本部　〒601-8411　京都市南区西九条北ノ内町11

PHP INTERFACE　https://www.php.co.jp/

制作協力
組　版　　株式会社PHPエディターズ・グループ

印刷所
製本所　　大日本印刷株式会社

ISBN978-4-569-90104-6

PHP文庫

面白くて眠れなくなる遺伝子

竹内薫／丸山篤史 共著

大好評の「面白くて眠れなくなる」シリーズの人気テーマ「遺伝子」を文庫化。最新の研究成果を含む遺伝子の様々なエピソードを紹介。